NaturErlebnis
Hegau Bodensee

Schwarzwaldverein

Dr. Elmar Zohren
Wolfgang Homburger

Herausgegeben vom
Schwarzwaldverein e.V., Freiburg i.Br.

NaturErlebnis
Hegau Bodensee

50 herausragende naturkundliche Ziele
im historischen Hegau

Deutschland • Schweiz

MarkOrPlan
Agentur & Verlag

Singen (Hohentwiel) • Bonn

Impressum

NaturErlebnis *Hegau Bodensee*

Herausgegeben vom Schwarzwaldverein e.V., Freiburg i.Br.

Autoren: Dr. Elmar Zohren, Rielasingen-Worblingen • Wolfgang Homburger, Denzlingen
Redaktionelle Mitarbeit: Peter Lutz, Freiburg i.Br. • Klaus-Michael Peter, Singen/Bonn

MarkOrPlan *Agentur & Verlag GbR*
Geschäftsführer Klaus-Michael Peter • eMail **Info@MarkOrPlan.de**
MarkOrPlan Hegau-Bodensee
Bahnhofstraße 43 • 78224 Singen (Hohentwiel) • Telefon 0 77 31/977 150 • Telefax 977 151
MarkOrPlan Bonn
Schmittgasser Kirchweg 54 • 53123 Bonn • Telefon 02 28/28 46 98 • Telefax 02 28/299 343

Verlagsbearbeitung: Klaus-Michael Peter, Dipl. Verw. Wiss.; Silke Delker-Beuttenmüller, Dipl. Biol.; Arnika M. Bötzer, Dipl. Oec. troph.

Bildnachweis: Haupt-Titelbild: Ewald Blust (S. 214/1) • Alle Fotos: Dr. Elmar Zohren *mit Ausnahme von*: AG Hegau-Touriustik: S. 16; BUND-Naturschutzzentrum: S. 59/1; Stadt Diessenhofen/TG: S. 91/1; HBH-Kliniken: S. 67/1; Landkreis Konstanz: S. 11; Life-Pfad Untersee: S. 66/1 + 5; Dr. Michael Losse: S. 127/3; MarkOrPlan Agentur & Verlag: S. 43/2; 80/3; 99; 116/1; 122/2; 155/1, 213; Mettnau-Kur/Stadt Radolfzell: S. 68; Schwarzwaldverein e.V./Peter Lutz: S. 9, 79, 80/4 + 5, 81/5, 85/1, 2, 6, 120/5, 163, 164/1; Universität Konstanz, Pressestelle: S. 25, 26/1; Wild- und Freizeitpark Bodanrück: S. 54/2 + 3, 55/4.
GNU Free Documentation License (Ver. 1.3): Kristian Peters S. 32/5; Marek Szczepanek S. 42/4; J.F. Gaffard S. 58/4; Lisa Carter S. 63/5; Harry Berger S. 71/1, 205/5; Krzysztof Ziarnek S. 84/2; Henry Hartley: S. 120/4; Ty von Sevelingen: S. 130/2; Thomas Mathis: S. 143/6, 152/2; Markus Mnolf: S. 150/1; André Karwath: S. 167/7; Christian Fischer: S. 174/4, 182/4; Kristian Peters: S. 212/2.

Kartengrundlage: © 2009 by LGL Landesamt für Geoinformation und Landentwicklung Baden-Württemberg (www.lgl-bw.de), Az: 2851.2-D/6585

MarkOrPlan Edition Singen • Hegau • Bodensee – Band 23

hegau **Hegau-Bibliothek Band 142**
Erscheint in der Reihe «Hegau-Bibliothek» des **Hegau-Geschichtsvereins e.V.**
www.hegau-geschichtsverein.de

Erscheint mit freundlicher Unterstützung von PLENUM Westlicher Bodensee

ISBN 978-3-933356-56-7

MarkOrPlan *Agentur & Verlag*

Mägdeberger Hof 1,2 km
Mühlhausen 2,2 km
Schlatt unter Krähen 4,0 km
Aach 8,0 km
Hegaukreuz
661 m
Mägdeberg 0,6 km
Hohenkrähen 2,5 km
Hohentwiel 8,0 km
Singen 9,5 km
Lochmühle 3,0 km
Hohenstoffeln 6,0 km
Welschingen 11,0 km
Engen 17,0 km
Sickerberg 0,4 km
Eschelbrunnen 1,2 km
Weiterdingen 2,5 km
Welschingen (direkt) 5,5 km

Inhaltsverzeichnis

Willkommen im Hegau!

Mit diesem Buch legt der Schwarzwaldverein einen reich bebilderten Wanderführer über die herrliche Landschaft im Hegau und am Bodensee vor. Zwei hervorragende Kenner der Landschaft, Dr. Elmar Zohren und Wolfgang Homburger, beide dem Hegau seit langem eng verbunden, haben ihr umfangreiches Wissen zusammengeführt. Sie engagieren sich seit Jahrzehnten als verdiente Naturschutzwarte im Schwarzwaldverein für den Schutz der Natur und die Erhaltung der Kulturlandschaft.

Aus unzähligen Wanderzielen haben sie 50 Ziele ausgewählt, die beispielhaft für die Natur und Kultur dieser reichhaltigen Wanderlandschaft vom Hegau bis zum Bodensee stehen. Einen besonderen Schwerpunkt haben die Autoren bei der Beschreibung auf die Pflanzenwelt gelegt, die in den Kapiteln ausführlich beschrieben wird. So ist ein Pflanzenführer des Hegaus und der Landschaft um den westlichen Bodensee entstanden, wie es ihn bisher noch nicht gegeben hat. Doch auch Streiflichter zur Geologie, Ökologie, Naturschutz und Geschichte bereichern die einzelnen Kapitel.

Nicht umsonst wird der Hegau als “des Herrgott's Kegelspiel” bezeichnet, denn weithin sichtbar markieren die Kegelvulkane mit ihrer eigenwilligen Form die Höhepunkte dieser Landschaft, die zum Wandern geradezu einladen. Die stattlichen Burgen, die sie alle trugen, sind in den Wirren der Geschichte untergegangen, von den Ruinen aber bieten sich heute atemberaubende Aussichten bis hinüber zu den fernen Alpen. Der nahe Bodensee zieht die Menschen mit seinem lichten, weiten Himmel über den glitzernden Wellen immer in den Bann. Die Wasserflächen und ruhigen Seebuchten sind ein Eldorado für die heimische Vogelwelt und viele Überwinterungsgäste aus dem hohen Norden Europas.

Der Bodensee ist ein großer Lebensraum, mit dem sich die Menschen verbunden fühlen; er prägt die Bewohner in den Orten am Ufer entlang, genauso wie die Berge im Hegau nicht nur die Landschaft beherrschen. Auf den Streifzügen, zu denen das Buch Sie einlädt, ergeben sich großartige Ausblicke in die Landschaft und erkenntnisreiche Einblicke in die Erdgeschichte und die Natur.

Wer mit diesem Buch und offenen Augen im Hegau und am Bodensee unterwegs ist, wird nach einer Wanderung reich beschenkt nach Hause zurückkehren und den Drang verspüren, sich bald wieder auf den Weg in dieser paradiesischen Landschaft zu machen.

Es freut mich besonders, dass alle Ziele auf den Wanderwegen des Schwarzwaldvereins erreichbar sind. Der Schwarzwaldverein hat in den letzten Jahren mit seinen ehrenamtlichen Mitgliedern im gesamten Schwarzwald – und auch im Hegau – die Wanderwege auf ca. 23.000 km neu markiert. Die Wege führen gleich von Ihrer Haustür hinaus in die Natur und geleiten Sie in eine vielfältige, geschichtsträchtige Kulturlandschaft voller Sehenswürdigkeiten.

Kommen Sie mit uns und erleben eine herrliche Natur!

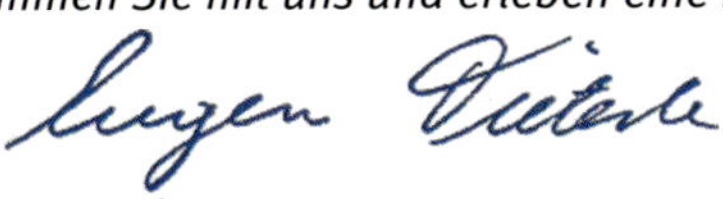

Eugen Dieterle, Präsident des Schwarzwaldvereins

Zum Geleit

In den letzten Jahren sind einige bedeutende Führer über den Landkreis Konstanz und den historischen Hegau erschienen, so z.B. über die geologischen Ursprünge, Kunstdenkmäler sowie Burgen und Schlösser in der Region. Es fehlte allerdings immer noch ein Werk über die außerordentlich vielfältigen Naturschönheiten, die Fauna und vor allem die Flora unserer Heimat. Diese Lücke konnte nun geschlossen werden. Mit einer finanziellen Förderung durch PLENUM Westlicher Bodensee hat der Schwarzwaldverein e.V. einen interessanten und informativen Naturführer über die Region Hegau-Bodensee vorgelegt. Lassen Sie sich von der vielfältigen Topographie des Landkreises überraschen, die eine beeindruckende Vielfalt an Landschaftsformen und Lebensräumen auf engstem Raum hervorgebracht hat. Genießen Sie das malerische Mosaik aus Seen, Vulkankegeln, tiefeingeschnittenen Tobeln, artenreichen Feuchtgebieten, Streuobstwiesen und Wäldern.

Mit der Ausschilderung und Betreuung von Fern- und Regionalwanderwegen leistet der Schwarzwaldverein seit Jahrzehnten einen wichtigen Beitrag dazu, die Landschaft unserer Heimat zu erschließen und erlebbar zu machen. Sich der Erstellung dieses Naturführers zu widmen, stellte somit zwar eine herausfordernde aber nahe liegende Aufgabe für den Verein dar. Für das Projekt konnten sachkundige Autoren aus den Reihen des Schwarzwaldvereins gewonnen werden. Allen voran Dr. Elmar Zohren, der durch sein großes Engagement zur Vermittlung von naturkundlichen Themen im Landkreis allseits bekannt ist.

Es freut mich besonders, dass der Naturführer Hegau-Bodensee mit den Bemühungen von Landrat a.D. Dr. Seiterich (1954-1968) beginnend das langjährige Engagement des Landkreises Konstanz für Natur und Umwelt beleuchtet. Auch künftig wird es Aufgabe und Selbstverständnis des Landkreises sein, die so überaus vielgestaltige Kulturlandschaft zu bewahren und ihre Entwicklung weiter zu fördern.

Ich gratuliere dem Schwarzwaldverein zu diesem gelungenen Werk und wünsche Ihnen nun viel Freude und schöne Begegnungen beim Erkunden der außergewöhnlichen Landschaft der Region Hegau-Bodensee.

Frank Hämmerle
Landrat des Landkreises Konstanz

Zur Einführung

Dieser Führer stellt dem botanischen Laien eine Reihe interessanter, im Hegau und im Westlichen Bodenseegebiet vorkommender Pflanzenarten vor. Daneben informiert er auch über Wasservögel und Insekten sowie über geologische Gegebenheiten, und schließlich weist er auf reizvolle Landschaftsbilder hin, die sich dem Betrachter von bestimmten Aussichtspunkten aus darbieten. Der Überblick über bedeutsame Artenbestände umfasst alle Naturräume des Landkreises Konstanz und seiner unmittelbaren Nachbarschaft. Es handelt sich um ein Gebiet mit einem sehr vielfältigen Angebot von landschaftsökologischen Lebensbedingungen für eine reiche Pflanzen- und Tierwelt. Es gibt sehr trockene und sehr nasse sowie kalkarme und kalkreiche Böden auf Meereshöhen zwischen 400 m und knapp 870 m, und das Standortklima schwankt von sehr warm bis kühl, so dass das Spektrum der vorkommenden Pflanzen- und Tierarten vom Mediterran-Pontischen bis zum Eiszeitlichen sowie vom Trockenen bis zum Feuchten und Nassen reicht.

An 50 Örtlichkeiten wird der Besucher über das Wissenswerte informiert. Dies geschieht durch Begehungen, in der Regel in Form eines Rundganges oder einer kleineren Rundwanderung. Alle vorgestellten Pflanzen- und Tierarten sind vom Weg aus zu sehen, so dass man nicht suchend durch das Gelände streifen muss und Schaden anrichtet.

Für jeden Besucher sollte es selbstverständlich sein, die Pflanzen- und Tierbestände zu schonen und nicht zu schädigen, zumal sie großenteils nicht nur seltene und somit gefährdete Besonderheiten darstellen, sondern auch gesetzlich unter Naturschutz stehen. Die Orientierung wird durch die Kombination von Kartendarstellung und Wegbeschreibung erleichtert. Die Zufahrt bzw. der Zugang mit dem eigenen Auto, zu Fuß auf markierten Wanderwegen (in der Regel des Schwarzwaldvereins) oder ggf. per Linienbus, Eisenbahn oder Schiff wird für jedes Objekt beschrieben.

Der Hegau und seine Teillandschaften

Das Westliche Bodenseegebiet umfasst mehrere unterschiedlich ausgeprägte Landschaften. Der Hegau war ursprünglich, zumindest seit dem 8. Jahrhundert, ein administrativ abgegrenzter Bezirk, den ein Gaugraf bzw. später ein Landgraf zu verwalten hatte. Der heutige Landkreis Konstanz deckt weitgehend diesen ehemaligen Verwaltungsbezirk ab, der sich allerdings im Westen, Norden und Osten noch etwas weiter ausgedehnt hat, während im Süden Untersee und Rhein immer die Grenze bildeten. Schaffhausen war die Grenzstadt im Westen; im Nordwesten reichte der Hegau bis zum Haupthöhenzug des Randen, im Norden bis in das Aitrach- und Donautal, im Nordosten bis kurz vor Meßkirch und im Osten mit wechselnden Grenzen bis Goldbach vor Überlingen. Die Altstadt von Konstanz mit dem Paradies gehörte nicht zum Hegau, sondern zum Thurgau. Der heutige Hegau ist am sinnvollsten ebenfalls anhand von Verwaltungsgrenzen zu umschreiben: Den Kern bildet der Landkreis Konstanz ohne den linksrheinischen Teil der Stadt Konstanz; darüber hinaus darf man den Schweizer Kanton Schaffhausen östlich des Randener Haupthöhenzuges zum Hegau zählen, die Engi bei Neuhausen bildet das Tor zum Klettgau; und schließlich gehören aus dem Landkreis Tuttlingen die Ortschaften Mauenheim und Hattingen (Gemeinde Immendingen) sowie die Gemeinde Emmingen-Liptingen auf der Südabdachung der Hegau-Alb dazu. Östlich der Gemeinden Hohenfels und Ludwigshafen beginnt der Linzgau.

Die einzelnen Teillandschaften im Hegau werden naturräumlich abgegrenzt. Das Petershausener Seeufer und das rechte Ufer des Seerheins in Konstanz bilden das südöstliche Ende der von Untersee und Überlinger See umschlossenen Halbinsel Bodanrück. Diese ist vor allem im Südostteil geprägt von den würmeiszeitlichen Drumlins, einer Schar gleichförmiger, im Grundriss ellipsenförmiger Kies- und Sandhügel mit z.T. feuchten Senken (Riede) dazwischen, während im Nordwesten der Bodanrück mit hohen, den Bodensee um bis zu 300 Metern überragenden Molassebergen beginnt.

Jenseits der Stahringer Pforte findet das Bergland des Bodanrücks seine Fortsetzung im ebenfalls nach Nordwesten gerichteten Homburg-Kirnberg-Höhenrücken, der allmählich gegen die Südostabdachung der Hegaualb bei Eigeltingen ausläuft. Nordöstlich dieses Höhenzuges liegt die Wahlwieser Niederung mit der Stockacher Aach, und auch hier folgt wieder im Nordosten angrenzend eine Reihe von Molassebergen und -hügeln zwischen dem Sipplinger Berg, der Nellenburg und der Gegend um Mühlingen. Eiszeitliche Schmelzwasserrinnen und vermoorte Becken unterbrechen die meist mit eiszeitlichem Moränenmaterial überdeckten Hügelketten, und an der nordöstlichen Grenze des Hegaus verwischen insbesondere die Moränen der Riss- und Würmeiszeit die Grenze zwischen dem von Molasse geprägten Alpenvorland und der Hegaualb (Schwäbische Alb) mit ihren Jurakalksteinen und Karsterscheinungen.

Der Untersee wird durch die Halbinsel Höri in die beiden Arme des Zeller Sees und Rheinsees aufgeteilt. Diese Halbinsel ist der Beginn einer Reihe nach Westen gerichteter Molasseberge, dem Schiener Berg und Rauhenberg sowie dem Herblinger-Dörflinger Hügelland. Auch auf den Höhen dieser Berge und Hügel lagert eiszeitliches Material in Form von Grund- und Endmoränen, einen besonderen Schwerpunkt bilden die Deckenschotter der Günz- und Mindeleiszeit, ehemalige Flussschotter, die zu einem betonartigen Gestein, der "Nagelfluh", verbacken sind. Südlich der Berg- und Hügelkette liegt das Tal des Rheins, während im Norden das Gottmadinger Becken und die Hilzinger Talwanne Zeugen zweier nach Westen vorgestoßener Zungen des Rheingletschers darstellen. Zwischen diesen beiden Becken liegt wiederum eine wenn auch bescheidenere Folge von Berg- und Hügelrücken: Heilsberg, Buchberg und Schlatter Rücken. Ihr Sockel besteht nicht mehr aus alpiner Molasse, sondern aus der im gleichen Zeitalter abgelagerten Juranagelfluh, deren Material einst die Deckschicht des Schwarzwaldes gebildet hatte und von Nordwesten her bis in das voralpine Molassebecken transportiert wurde. Ein würmeiszeitliches Urstromtal von Welschingen über Thayngen nach Schaffhausen leitete das Schmelzwasser des im Untersee- und Hegaubecken liegenden Rheingletschers ab und bildet die Grenze zum Randen, dem naturräumlichen Verbindungsstück zwischen den Jurakalkgebieten der Schwäbischen Alb und des Schweizer Juras.

Die Vulkanlandschaft des Hegaus mit den Basalt- und Phonolithkegelbergen liegt am nordwestlichen Rand des Molassetroges und greift mit ihren höchsten Erhebungen Hohenhewen (844 m), Neuhewen (864 m) und Hewenegg (812 m) in die Schwäbische Alb (Hegaualb) hinüber.

Die Berg- und Hügelländer in den westlichen, nördlichen und östlichen Randbereichen des Hegaus umgreifen zangenförmig die Singener Niederung, die sich nach Südosten zum Zeller Seebecken hin öffnet. Sie ist in der Mitte zweigeteilt durch einen südwestlich-nordöstlich gerichteten Riegel aus Moränen und Molassehügeln zwischen Singen und Steißlingen, zu deren Ensemble auch der Friedinger Schlossberg gehört. In und am Rand der Singener Niederung liegen außerdem als Inseln einige vulkanische Deckentuffberge wie das Rosenegg und der Galgenberg. Die Ebene ist gekennzeichnet durch die weitflächige Verbreitung würmeiszeitlicher Schotter (viele Kiesgruben) sowie durch Ablagerungen von Auelehmen und Beckenton, Ursache für die Bildung von Rieden und kleiner Seen.

Besuchen Sie nun unsere 50 ausgewählten Ziele und urteilen Sie selbst über die einmalige Vielfalt des NaturErlebnis Hegau-Bodensee.

Wolfgang Homburger

Literaturhinweise

Geyer, Matthias – **Vulkane im Hegau** – Geologische Streifzüge durch den Hegau, am westlichen Bodensee und in der angrenzenden Schweiz, 110 S. + 72 S. 2002, AG Hegau-Schaffhausen Tourismus (Hrsg.), 2 Broschüren, 1 Landkarte

Greis, Peter – **Der Hegau – Landschaft zwischen Rhein, Donau und Bodensee**, Wanderbücher des Schwarzwaldvereins Band 3, 188 S., 3. Auflage, 1990, Schwarzwaldverein (Hrsg.), ISBN 3-7930-0578-X

Greis, Peter und Abt, Karlheinz – **Hegau und westlicher Bodensee** – 65 Wanderungen und Fahrradtouren in der Landschaft zwischen Donau und Bodensee, 195 S., 1998, Schwarzwaldverein (Hrsg.), ISBN 3-933353-01-7

Hegau – Zeitschrift für Geschichte, Volkskunde und Naturgeschichte des Gebietes zwischen Rhein, Donau und Bodensee. Hg. v. Hegau-Geschichtsverein, Jahrbuch 62/2005: **Hegau-Impressionen – Alte Ansichten bis 1850**; 178 S., MarkOrPlan Agentur & Verlag, ISBN 978-3-933356-31-4

Hegau – Zeitschrift für Geschichte, Volkskunde und Naturgeschichte des Gebietes zwischen Rhein, Donau und Bodensee. Hg. v. Hegau-Geschichtsverein, Jahrbuch 64/2007: **Jüdische Kultur im Hegau und am See**; 320 S., MarkOrPlan Agentur & Verlag, ISBN 978-3-933356-46-8

Hegau – Zeitschrift für Geschichte, Volkskunde und Naturgeschichte des Gebietes zwischen Rhein, Donau und Bodensee. Hg. v. Hegau-Geschichtsverein, Jahrbuch 65/2008: **Natur- und Kulturlandschaft Hegau**; 320 S., MarkOrPlan Agentur & Verlag, ISBN 978-3-933356-53-6

Institut für Landschaftsökologie und Naturschutz, Singen (Hrsg.) – **Aktion Naturpate** (gefördert von PLENUM Westlicher Bodensee), 24 S., 2002, Broschüre

Kramer, Wolfgang und Greuter, Michael, im Auftrag des Hegau-Geschichtsvereins (Hrsg.) – **Kunstschätze im Kreis Konstanz**, 256 S., 3. überarbeitete Auflage, 2008, Verlag Michael Greuter, ISBN 3-938566-07-8

Losse, Michael – **Burgen, Erlebniswege Hegau**, angrenzende Schweiz, westlicher Bodensee – Tourenbeschreibungen für Wander-, Rad- und Autotouren, 80 S. + 56 S. 2002, AG Hegau-Schaffhausen Tourismus (Hrsg.), 2 Broschüren, 1 Landkarte

Losse, Michael – **Burgen, Schlösser und Festungen im Hegau,** 156 S., 2. Auflage 2005, Verlag Michael Greuter, ISBN 3-9806273-2-2

Nachtigall, Werner – **Natur- und Kulturerlebnis Bodensee** – Die schönsten Rundwanderungen und Stadtrundwege, 216 S., 1997, Stadler Verlag, Konstanz, ISBN 3-7977-0369-4

Regierungspräsidium Freiburg (Hrsg.) – **Die Naturschutzgebiete im Regierungsbezirk Freiburg**, 679 S., 2004, 2. Auflage, Jan Thorbecke Verlag, ISBN 3-7995-5174-3

Rössler, Willi – **Hegau und Linzgau** – Landschaften zwischen westlichem Bodensee und Donau, 315 S., 2002, Wanderführer aus der Reihe "Natur – Heimat – Wandern" des Schwäbischen Albvereins (Hrsg.), ISBN 3-8062-1731-9

Schreiner, Albert – **Hegau und westlicher Bodensee** – Sammlung geologischer Führer Band 62; Hrsg. Manfred P. Gwinner; 90 S., Gebr. Borntraeger, Berlin, Stuttgart, 3. Aufl. 2008, ISBN 978-3-443-15083-9

HEGAU
Vulkanlandschaft
Feuer, Eis
und Wasser
formten
diese Landschaft
zu einem Paradies
BODENSEE
Gastgeberverzeichnis 2009 der Arbeitsgemeinschaft H

Ausgewählte Tourist Informationen
im Landkreis Konstanz • Kanton Schaffhausen

Arbeitsgemeinschaft Hegau-Touristik
Tourist Information Singen
STADTHALLE • Hohgarten 4
D-78224 Singen (Hohentwiel)
Telefon 0 77 31/85-262
Telefax 0 77 31/85-263
eMail tourist-info.stadt@singen.de
Internet www.hegau.de

Tourist Information Konstanz GmbH
Fischmarkt 2
D-78462 Konstanz
Telefon 0 75 31/1330-30
Telefax 0 75 31/1330-60
eMail info@ti.konstanz.de
Internet www.konstanz.de

Tourist Information Radolfzell
Bahnhofplatz 2
D-78315 Radolfzell
Telefon 0 77 32/81-500
Telefax 0 77 32/81-510
eMail touristinfo@radolfzell.de
Internet www.radolfzell.de

Tourist Information Stockach
Stadt Stockach • Altes Forsthaus
Salmannsweilerstraße 1
D-78333 Stockach
Telefon 0 77 71/802-300
Telefax 0 77 71/802-311
eMail tourist-info@stockach.de
Internet www.stockach.de

Tourist Information Engen
Marktplatz 4
D-78234 Engen
Telefon 0 77 33/502-202
Telefax 0 77 33/502-299
eMail TBaier@engen.de
Internet www.engen.de

Tourismus Untersee e.V.
Im Kohlgarten 2
D-78343 Gaienhofen
Telefon 0 77 35/9190-55
Telefax 0 77 35/9190-56
eMail info@tourismus-untersee.de
Internet www.tourismus-untersee.de

TIBS Tourist Information & Service
Hauptstraße 7
D-78262 Gailingen am Hochrhein
Telefon 0 77 34/9303-20
Telefax 0 77 34/9303-20
eMail info@gailingen.de
Internet www.gailingen.de

Tourismus Stein am Rhein
Oberstadt 3
CH-8260 Stein am Rhein
Telefon 00 41/52/742 20 90
Telefax 00 41/52/742 20 91
eMail
tourist-service@steinamrhein.ch
Internet www.steinamrhein.ch

Schaffhauserland Tourismus
Herrenacker 15
CH-8201 Schaffhausen
Telefon 00 41/52/632 40 20
Telefax 00 41/52/632 40 30
eMail info@schaffhauserland.ch
Internet www.schaffhauserland.ch

Literatur zum Hegau:

- ***Wissenschaftliche Hegau-Bibliothek***
  Marktpassage • August-Ruf-Straße 13 – D-78224 Singen (Hohentwiel)
  Telefon 0 77 31/85-295 • eMail hegau-bibliothek.Stadt@singen.de
- ***MarkOrPlan Bookshop – alle lieferbaren Bücher des Hegaus frei Haus!***
  D-78224 Singen (Hohentwiel) • Telefon 0 77 31/977 150 • Fax 977 151
  eMail info@MarkOrPlan.de

01

Naturkunde im Umfeld des Konstanzer Hafens

Sea-Life, Naturmuseum Bodensee, Seeufer und Palmenhaus

Sea-Life und Bodensee-Naturmuseum: Aquarium mit Fluss-, Binnensee- und Meeresfischen, Ausstellung zur Lebensumwelt der Wildtiere im Bodenseeraum; Seeuferbereich zwischen Stadtgarten, Hafen und Kreuzlingen (Schweiz): Wasservögel und exotische Pflanzenarten; Palmenhaus: tropische und subtropische Gewächse

Empfohlene Besuchszeit: ganzjährig

Pkw

B 33 Kreuz Hegau – Konstanz – Kreuzlingen; zur Uferpromenade mit Sea-Life und Bodensee-Naturmuseum über die östliche (alte) Rheinbrücke bis südlich des Bahnhofgebäudes, Parkhaus nahe Sea-Life; zum Palmenhaus über die westliche Rheinbrücke (Schänzlebrücke, Anschluss zur Schweizer Autobahn), unmittelbar vor der Schweizer Grenze die B 33 verlassen in Richtung Stadtmitte, dann bis zum Döbele-Platz (großer Parkplatz), ab hier zu Fuß durch die Döbelestraße

Eisenbahn

Engen – Singen – Konstanz – Kreuzlingen – Weinfelden (Fahrplan Nr. 720, 720.2) bis Hauptbahnhof Konstanz; zur Uferpromenade mit Sea-Life und Bodensee-Naturmuseum: beim Hauptbahnhof die Gleise Richtung See unterqueren; zum Palmenhaus: mit Stadtbus, Linie 1, bis Döbelestraße

Ziel für Wanderer (markierte Wanderwege)

- Querweg Freiburg – Bodensee (Europäischer Fernwanderweg Nr.1): Wallhausen – Litzelstetten – Konstanz (rot-weiße Raute auf Gelb) bis Rheinbrücke und Uferpromenade
- Bodensee-Rundweg (blauer Punkt mit Pfeil): Dingelsdorf – Mainau – Konstanz

Wegführung (s. Karte)

Uferpromenade zwischen Stadtgarten und Kreuzlingen (Schweiz), Sea-Life (Öffnungszeiten: tägl. ab 10 Uhr) und Bodensee-Naturmuseum (Öffnungszeiten: Nov. – März: 10 – 17; Apr. – Juni: 10-18, Juli – Sept. 10 – 19 Uhr) südlich des Hafengeländes;

- Palmenhaus südwestlich der Altstadt am westlichen Ende der Döbelestraße

Das **Sea-Life** liegt im Areal "Klein-Venedig" südlich des Hafens. Wenn man sich dem auffälligen, kastenartigen und fensterlosen Bau nähert, stößt man zuvor auf die Inschrift "Steine im Fluss". Dahinter befindet sich ein vom Industrieverband Steine und Erden Baden-Württemberg gestalteter Kinderspielplatz mit vielen Felsblöcken – naturbelassen oder bearbeitet –, der spielend auf die Bedeutung von Steinen, Kies und Sand für unser modernes Leben aufmerksam machen will. Alles wirkt frisch und fröhlich. Der Wert dieses Areals könnte für interessierte Betrachter noch gesteigert werden, wenn Art und Herkunft der ausgestellten Steine durch entsprechende Informationstafeln erläutert würden.

Beim Betreten des Sea-Life taucht man ab in eine dunkle, nur künstlich und spärlich beleuchtete Welt. Den rund 3.000 **Süß- und Salzwasserfischen** steht mehr Raum zur Verfügung als den sie betrachtenden Menschen, die auf verschlungenen Wegen um die Fischbecken herumgeführt werden. Wahrscheinlich sind es der Wechsel von Dunkel und Hell, das sanfte Dahingleiten der Fische, die keine Hektik zu kennen scheinen, und die Ruhe, die nur von Informationen für die Besucher unterbrochen wird, die den Reiz dieser ganz andersartigen Welt ausmachen. Es ist beeindruckend, wie mannigfaltig die Fische in Größe, Form und Farbe sind. Einen lebenden Rochen erlebt man ganz nahe, und

vor den Schwarzspitzenriffhaien darf man sich sicher fühlen, denn zwischen ihnen und dem Betrachter befinden sich massive Glaswände. Hier schwimmen auch solche Fische, die man bisher nur aus den Fischtheken des Lebensmittelhandels kannte. Unter den ganz kleinen Fischen gibt es auch solche, die gar nicht der üblichen Vorstellung eines Fisches entsprechen und daher das besondere Interesse auf sich ziehen: die Seepferdchen.

Beim Gang durch dieses Labyrinth verfolgt man den **Lauf des Rheins** von den Quellen bis zur Mündung und bekommt die für die einzelnen Flussabschnitte typischen Fischarten zu sehen. Es beginnt mit einer Gletscherhöhle; die Gletscher speisen zahlreiche Gebirgsbäche mit Wasser. Deren Fischarten werden als erste erläutert. Aus diesen Gebirgsbächen entsteht der Rhein. Dessen Wasser kommt in Gestalt des Bodensees direkt am Sea-Life vorbei. Folgerichtig zeigt eine Station im Sea-Life-Rundgang den Bodensee vor Konstanz mit seinen typischen Fischen. Es folgen “Schleusen und Wehre am Rhein” und “der mittelalterliche Rotterdamer Hafen”. Die Nordsee, in die der Rhein mündet, wird durch ein großes Rundbecken dargestellt; deren Fischarten sieht man zumeist durch die freie Wasseroberfläche. Höhepunkt ist der große **Mittelmeer-Tunnel** aus dickem Glas, in welchem man seitlich und oben von einer Unmenge meist großer Fische umgeben ist. Fast wie durch Gucklöcher schaut man dann noch einmal in dieses Superbecken, das 230.000 Liter Wasser fasst, ehe man das Sea-Life verlässt.

Im selben Gebäude wie das Sea-Life befindet sich das **Bodensee-Naturmuseum**. In einem großen Raum werden präparierte Tiere des Bodenseeraumes gezeigt, aber nicht etwa zu

Fisch im Aquarium

Krebs

Muräne

Diorama "Eiszeit" im Naturkunde-Museum

Diorama "Storchennest"

Diorama "Heimatlicher Wald"

Hunderten in Vitrinen gereiht, sondern ausnahmslos in ihrer nachgebauten, natürlichen Umwelt, sogenannten Dioramen, gruppiert, so dass sie wie lebend wirken. Im Vorbeigehen erfährt man vieles über den Bodensee, seine Entstehung, die Wasserstandsschwankungen, die seltene Totalvereisung (die sog. "Seegfrörne") und die pflanzlichen und tierischen Bewohner des Sees.

Das Sea-Life-Gebäude ist von Wasser in Form einer langen flachen Wanne umgeben. Diese ist mit Sumpfpflanzen bepflanzt, und im Wasser huschen Schwärme kleiner Fische.

Wenn man im Herbst am **Ufer in Richtung Süden** und über die Schweizer Grenze (Kreuzlingen) weitergeht, sollte man auf eine Wildpflanze achten, die zu dieser Zeit noch so kräftig blüht, als sei es Frühling. Sie gibt es erst seit Kurzem hier einen Einwanderer aus Südafrika, wo im September der Frühling beginnt: das Schmalblättrige Greiskraut.

Im Winterhalbjahr ziehen beim Gang am Konstanzer Seeufer die **Wasservögel** die Aufmerksamkeit voll auf sich. Die Tiere scheinen alle Angst und Vorsicht verloren zu haben. Das gilt insbesondere für die Lachmöwen, der mit Abstand häufigsten Möwenart

Seeufer bei Kreuzlingen

Ehem. Palmenhaus der Stadtgärtnerei

am Bodensee. Die Sturmmöwen, denen die roten Beine der Lachmöwen fehlen, sitzen gerne oben auf den mächtigen Rammpfählen. Die seltenen Weißkopfmöwen halten sich lieber im Hintergrund auf. Um so dreister sind die Blässhühner, die sich im Winter bei der Futtersuche auch auf das Land wagen. Der Segelhafen ist im Winter das Reich der Tauchenten (Reiher- und Tafelenten), sie übertreffen an Anzahl die vertrauten Stockenten bei weitem. Auch der Haubentaucher sucht in den Hafenbecken seine Nahrung unter Wasser. Der Höckerschwan ist der größte und auffallendste Wasservogel, der zum Bodensee gehört wie die weißen Segel der Boote im Sommer.

Auf der Konstanzer Uferpromenade erfreuen im Sommerhalbjahr nicht allein die vielen Blumen in Kübeln und Beeten die Passanten, sondern auch die subtropischen Zutaten wie Hanfpalmen, Kartoffelsträucher und Keulenlilien.

Das Konstanzer **Palmenhaus** liegt abseits des Ufer- und Hafenbereichs in der Döbelestraße direkt an der Schweizer Grenze. Es war Bestandteil der Stadtgärtnerei. Diese wurde an eine andere Stelle verlegt; das Palmenhaus aus dem Jahre 1922, ein Baudenkmal, blieb. Jetzt wird es von einem Freundeskreis betreut. Ein Insidertipp, der keinen Eintritt kostet. Es besitzt tropisches Ambiente. Aus der Vielfalt der Pflanzenarten seien die Bananen, Zwergpalmen und Elefantenohren genannt. Obwohl das Glasdach hoch ist, mussten die Säulenkakteen mit ihren mächtigen Ästen gestutzt werden. Gleiches galt für Urwaldriesen wie die Feigenbäume mit den langen Luftwurzeln. Wasser in Form eines Teichbeckens gehört mit zum Urwald-Flair. Das Haus bietet auch Platz für Nutzpflanzen wie Zuckerrohr, Baumwolle, Kaffee und andere.

02

Botanischer Garten und Zoologische Lehrsammlung der Universität Konstanz

Unvermutete naturkundliche Schätze

Botanischer Garten der Universität Konstanz; Pflanzensammlungen im Freiland, Gewächshäuser; Biotoptypen des Bodenseeraumes, Neophyten; Zoologische Lehrsammlung

Empfohlene Besuchszeit: ganzjährig, bes. April, Okt.

Pkw
B 33/L 220 Kreuz Hegau – Wollmatingen – Petershausen – Konstanz; ab Wollmatingen über die Schwaketenstraße oder ab Petershausen über die Friedrichstraße

Bus
Stadtbus Konstanz, Linie 9: Hauptbahnhof – Universität

Eisenbahn
Offenburg – Konstanz – Kreuzlingen – Weinfelden (Fahrplan Nr. 720, 720.2) bis Konstanzer Hauptbahnhof; weiter mit Stadtbus Linie 9, s.o.

Schiff
Autofähre Meersburg – Konstanz (Staad); vom Staader Hafen zu Fuß auf dem Wanderweg (blauer Punkt mit Pfeil) nach Egg, dann auf dem Steg über die Landesstraße Allmannsdorf – Mainau zur Universität (gelbe Raute)

Ziel für Wanderer (markierte Wanderwege)
• Querweg Freiburg – Bodensee (Europäischer Fernwanderweg Nr,1): Langenrain – Litzelstetten – Konstanz (rot-weiße Raute auf Gelb); im Mainauwald direkt zum Botanischen Garten und zum Hauptgebäude der Universität
• Bodensee-Rundweg: Allensbach – Wollmatingen – St. Katharina (blauer Punkt mit Pfeil); ab dem einzeln stehenden Gebäude des ehemaligen Klosters St. Katharina noch eine kurze Strecke auf dem Querweg Freiburg – Bodensee, s.o.

Wegführung (s. Karte)
Botanischer Garten im Mainauwald ca. 600 m westlich des Universitäts-Hauptgebäudes. Zoologische Lehrsammlung im Hauptgebäude;
Öffnungszeiten: Mo – Do 8.00 – 18.00, Fr 8.00 – 14.00. Öffentliche Cafeteria neben Mensa

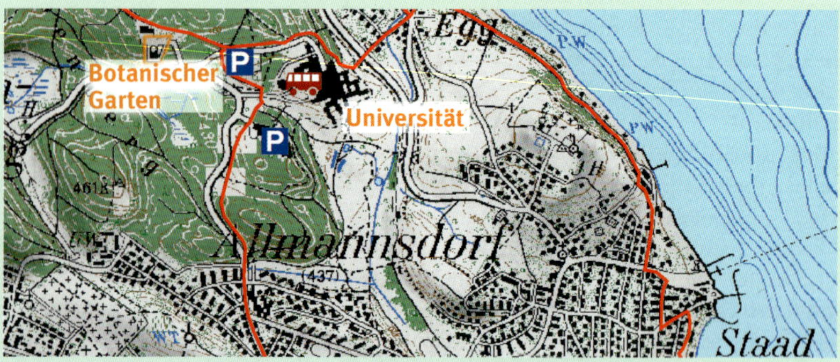

Der **Botanische Garten** und die **Zoologische Lehrsammlung** stehen nicht nur den Studierenden, sondern auch der Allgemeinheit offen – und zwar kostenlos. Allerdings kann man den Botanischen Garten und seine Gewächshäuser sowie die Terrarien und Aquarien der Zoologischen Lehrsammlung nur während der Dienstzeit des Personals besichtigen.

Der Botanische Garten liegt direkt beim Universitäts-Heizwerk. Dessen Schlot überragt den umgebenden Wald deutlich und ist aus der Ferne ein guter Orientierungspunkt. Von den Hauptgebäuden der Universität gelangt man auf schönen Waldwegen zum Botanischen Garten. Der Garten konzentriert sich auf bestimmte Themen. Ein Thema sind die "Unkräuter" (besser: Wild- oder Beikräuter) der Kulturpflanzen. Die Zahl der gezeigten Arten ist riesig, und die meisten müssen jedes Jahr mühsam neu gesät werden. Sehr groß ist auch die Zahl der angepflanzten Kulturarten aus Landwirtschaft und Gartenbau sowie aus Klein- und Hausgärten. Besondere Themen sind die Beziehungen zwischen Insekten und Pflanzen sowie die Neophyten. Letztere sind Arten, die aus fernen Erdteilen gleichartigen Klimas zu uns gelangten und sich bei uns ausbreiten.

Außerdem wurden besondere **Biotoptypen des Bodenseeraumes** nachgebaut: die Strandrasen-Vegetation des Bodensees und die Streuwiesen des Wollmatinger Riedes – und dies mit sich ändernden Wasserständen, wie es am Originalplatz auch der Fall ist. Die nachgebauten Biotope sind nicht primär Schauobjekte, sondern hier sollen solche Pflanzenarten vermehrt werden, die am originalen Standort vom Aussterben bedroht sind.

Die Präsentation der nachgebauten Strandrasen-Vegetation des Bodensees und der Streuwiesen des Wollmatinger Riedes im Konstanzer Botanischen Garten hat gegenüber einer Betrachtung in der Natur den Vorteil, dass man um die Biotope herumgehen und sich in Ruhe die jeweils typischen Pflanzenarten aus nächster Nä-

Botanischer Garten der Universität Konstanz

Krause Glucke

Amberbaum

Großblumige Aristolochia

he anschauen kann; man zertritt nichts, tut nichts Verbotenes, und man holt sich auch keine nassen Füße. Als Besonderheit kann man sehr viele Exemplare des Bodensee-Vergissmeinnichts zu dessen Blütezeit in Anzuchtkästen bewundern.

Den kleinen, eingezäunten **Wald** hinter dem Botanischen Garten kann man auf einem Rundkurs begehen. Dort sind keine erklärenden Schilder angebracht, sondern nur Nummern. In einem beim Gewächshauspersonal erhältlichen kleinen Führer werden anhand dieser Nummern die einzelnen Objekte eingehend erläutert. Eine Pilz-Art ist im Oktober wegen ihrer Größe und besonderen Form sehr auffällig: die Krause Glucke. Zu dieser Zeit zeigen im Übrigen manche Gehölze des Botanischen Gartens ein prächtiges Farbkleid, so z.B. der Amberbaum und der junge Geweihbaum.

Im Winter bietet der eigentliche Botanische Garten wenig. Umso beeindruckender sind dann die Gewächshäuser mit ihrer exotischen Vegetation. Prächtige Pflanzengestalten, großartige Blumen, niedliche Blütenstände, Insekten "fressende" Pflanzen und auch etliche tropische Kulturpflanzen kann man hier entdecken. Vanille und Papaya fruchten regelmäßig. Sehr beeindruckend sind die rie-

Traubenhyazinthe (Weinbergsunkraut)

sigen Blüten der "Großblumige Aristolochia". Man erfährt, mit welchen Farben und Formen die Pflanzengattung Passiflora aufwartet, von denen man gewöhnlich nur die eigentliche Passionsblume kennt, die allerdings auch als ein "kleines Wunder in einer Blüte vereint" angesehen werden kann.

Die **Zoologische Lehrsammlung** befindet sich im Hauptgebäude. Kommt man "von hinten" (Eingang M) in den Gebäudekomplex, stößt man sogleich auf sie.

Besonders interessant ist die Präsentation der lebenden Tiere. In der Zoologischen Lehrsammlung gibt es wie üblich auch ausgestopfte Tiere, aber diese werden kaum beachtet bei der Fülle der lebenden kleinen Tiere. In Terrarien tummeln sich Laubfrösche, Schildkröten, Eidechsen und Agamen, Schlangen, Kröten, Salamander, Zwergmäuse, Wüsten- und Gespenstheuschrecken usw. In den Aquarien schwimmen heimische Fische, aber auch exotische Arten wie z.B. Rote Piranhas.

Ist man schon im Uni-Hauptgebäude, sollte man auch zur eigenwilligen Dachlandschaft hinaufgehen. Von hier bietet sich ein sehr schöner **Ausblick** auf die Insel Mainau und den gesamten Bodensee.

Blaue Passionsblume

Karambole

Veränderlicher Dornschwanz

03

Das Wollmatinger Ried

Das bedeutendste Naturschutzgebiet am Bodensee

Großes Ried in der periodisch überfluteten Uferzone im Mündungsbereich des Seerheins in den Untersee; am südwestlichen Ortsrand von Konstanz, südlich der B 33 (Reichenauer Straße); Pflanzen- und Tierarten der Feuchtgebiete; Europa-Diplom; Naturschutzzentrum Wollmatinger Ried des NABU im ehemaligen Bahnhof Reichenau (ständige Ausstellung)

Empfohlene Besuchszeit: *Ende Mai/Anf. Juni*

Pkw
B 33 Radolfzell – Konstanz, bis östlich des Klärwerks; Parkmöglichkeit in Seitenstraßen

Bus
Stadtbus Konstanz, Linie 6: Marktstätte – Wollmatingen – Litzelstetten/ZP Reichenau, bis Haltestelle Fritz-Arnold-Straße bzw. Ried-/Reichenaustraße; Eingang am Klärwerk

Eisenbahn
Engen – Singen – Konstanz – Kreuzlingen – Weinfelden (Nahverkehr "Seehas") bis Bahnhof Reichenau (NABU-Zentrum) bzw. Konstanz-Wollmatingen, Riedstraße nach Süden zum Klärwerk

Wegführung (s. Karte)
Ried: Zugang beim Konstanzer Klärwerk (städt. Entsorgungsbetriebe); frei begehbar nur auf der sog. Riedstraße entlang des Klärkanals bis zum Rhein (Länge: 1,3 km); Führungen durch das Naturschutzgebiet ab Vogelhäusle am Eingang zum Ried (Termine laut Führungsprogramm oder Gruppenführungen nach Anmeldung);
Naturschutzzentrum des NABU, Kindlebildstraße 87, 78479 Reichenau (ehem. Bahnhof Reichenau), Öffnungszeiten: Mo – Fr 9 – 12 und 14 – 17 Uhr, Sa/So/Feiert. (Apr. – Sept.) 13 – 15.30 Uhr.

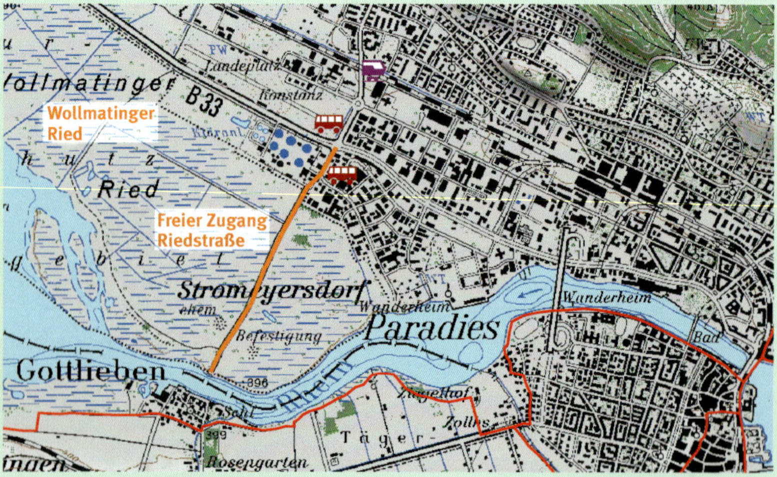

Das Wollmatinger Ried ist das größte und vielfältigste Feuchtwiesengebiet am Ufer des Bodensees. Es liegt westlich von Konstanz direkt am Ufer des Untersees. Die Feuchtwiesen und besonders die Riedflächen erstrecken sich bis in den Überschwemmungsbereich des Sees hinein. Regelmäßig im Frühsommer überflutet der Seerhein, der die Schmelzwässer aus den Alpen führt, die seenahen Uferflächen. Im Winter dagegen fallen bei Niedrigwasser die Schlammflächen vor der Schilfzone trocken und sind ein Dorado für viele Wasservögel, die auf ihrem Zug hier eine willkommene Rast halten.

Das Naturschutzgebiet "Wollmatinger Ried" wird im Auftrag des Regierungspräsidiums Freiburg vom Naturschutzbund Deutschland (NABU) betreut, der zu diesem Zweck ein eigenes **Naturschutzzentrum** im ehemaligen, ca. 3 km entfernt gelegenen Reichenauer Bahnhof unterhält. Es bietet reichlich Informationen, eine ständige Ausstellung sowie eine Dia-Multivisionsschau zum Wollmatinger Ried.

Das ausgedehnte Ried hat wegen seiner großen Vielfalt an Lebensräumen und Arten sowie als Station im internationalen Vogelzug eine herausragende Bedeutung für den Naturschutz. Es besitzt seit 1968 das Europa-Diplom des Europarates, das stets zeitlich befristet ist und daher immer wieder neu erworben werden muss.

Den Eingang zum **Wollmatinger Ried** findet man am westlichen Stadtrand von Kostanz südlich der B 33. Am Rande des Gewerbegebietes stößt man zwischen Kläranlage und Wertstoffhof auf einen geraden Feldweg ("Riedstraße") neben dem Kanal, der das gereinigte Konstanzer Abwasser zum Seerhein leitet. Allein auf diesem Kanalweg ist das Naturschutzgebiet

Schottische Hochlandrinder im Ried

Sibirischen Schwertlilie

Gelbe Schwertlilie

Wassergraben im Wollmatinger Ried

frei zugänglich. An ihm entlang wächst zunächst eine üppige Vegetation, die vom Nährstoffreichtum des Kanals profitiert: Hochstauden, andere nährstoffliebende Pflanzen und versprengte Reste eines Auwalds säumen den Weg. Man hat nicht den Eindruck, in ein bedeutendes Schutzgebiet zu kommen. Je weiter man geht, desto mehr erschließt sich dann doch der Reiz der Riedlandschaft: weite **Wiesenflächen**, die bis zum See reichen und kaum von Gehölzen unterbrochen sind. Die wenigen Bäume sind mit ihrer Gestalt besonders ausdrucksstark: alte frei stehende Waldkiefern und einzelne Gruppen von Silberweiden durchsetzen das offene Wiesengelände. Stets ein Blickfang ist die Herde urtümlicher Rinder (Schottische Hochlandrinder und so genannte Heck-Rinder, eine Rasse, die den ausgestorbenen Auerochsen nahe kommt), die in Teilen des Rieds weidet. Wer den Blick weiter aus dem Wollmatinger Ried in die umgebende Bodensee-Landschaft schweifen lässt, erkennt bei guter Wetterlage im Westen die Hegauberge am Horizont.

Sehr beeindruckend sind Ende Mai/Anfang Juni die vom Weg seitlich des Kanals zu sehenden großen **Riedflächen**, die von Beständen der Sibirischen Schwertlilie geradezu blau gefärbt sind. Direkt am Weg kann man blühende Gruppen dieser schönen Art aus der Nähe betrachten. Die recht seltene Sibirische Schwertlilie hält sich nur in feuchten Wiesen, die man erst spät im Jahr abmäht. Da es diese aber kaum mehr gibt, findet man die Lilie nur noch in geschützten Gebieten. Früher gewannen die Bauern auf solchen Flächen das Einstreumaterial für den Stall, daher der Fachbegriff "**Streuwiese**". Eher am Rande der Schilfflächen wächst die Gelbe Schwertlilie. Sie ist in Deutschland etwas bekannter als ihre blaue Schwester.

Zur Blütezeit der Sibirischen Schwertlilie fällt noch eine weitere Pflanzen am Wegesrand auf: der Gewöhnliche Schneeball, der dann ebenfalls in Blüte steht. In seinen weißen, tellerförmigen Blütenständen sind die am Rand stehenden Blüten auffällig und groß geformt, sie sind allerdings steril und nur "Schauapparate" für die Blütenbesucher; die Blütenbälle des Garten-Schneeballs sind ausschließlich steril. Nach der Blüte schmückt er sich noch monatelang mit leuchtend roten Beeren, die für die Vögel eine beliebte Winternahrung darstellen.

In den Wiesen entdeckt man auch den Kleinen Klappertopf. Er wächst oft in größeren Herden und blüht fahlgelb. Als Halbschmarotzer besitzt er zwar Blattgrün, um sich mit Hilfe der Photosynthese zu ernähren, bedient sich aber gern mit den Wurzeln bei benachbarten Pflanzen. Der Name Klappertopf bezieht sich darauf, dass die Samen nach dem Reifen nicht sogleich aus den Früchten fallen. So können Kinder das Klappern der Samen erleben, wenn sie trockene Pflanzen wie Rasseln schütteln.

An mehreren Stellen wurde der Kanal überdeckelt, um eine bessere Durchgängigkeit zwischen dem Ost- und Mittelteil des Wollmatinger Riedes zu schaffen. Diese **Aufschüttungsflächen** sind im Vergleich zu den umgebenden feuchteren Wiesen verhältnismäßig trocken und zeigen Ende Mai/Anfang Juni eine große Blumenfülle mit Wiesen-Labkraut, Schafgarbe, Margerite, Kuckucks-Lichtnelke und Wiesen-Flockenblume. Im dichten Gras stehen die eher kleinwüchsigen Arten wie Rot-Klee, Feld-Klee, Hornklee, Hopfenklee und Acker-Vergissmeinnicht.

Der Weg endet am gemächlich vorbeifließenden **Seerhein** (hier unter den Schiffern "Schwanenhals" genannt),

Gewöhnlicher Schneeball

Kleiner Klappertopf

Blütenfülle in trockener Wiese

Wiesen-Flockenblume

Schloss Gottlieben/TG (Schweiz)

Sumpf-Gladiole

Mehlprimel

Silberreiher

Lungen-Enzian

der das Wasser vom Obersee in den Untersee bringt. Unser Blick fällt über den Fluss hinweg direkt auf den hübschen Schweizer Ort **Gottlieben**. Links von Gottlieben liegt ein trutziges, burgähnliches Schloss. Hier waren zur Zeit des Konstanzer Konzils (1414 – 1418) berühmte Persönlichkeiten eingekerkert: der Reformator Jan Hus, der 1415 verbrannt wurde, und Gegen-Papst Johannes XXIII., nachdem das Konzil diesen abgesetzt hatte.

Wer mehr vom Wollmatinger Ried sehen möchte, muss sich den Führungen anschließen, die vom Naturschutzzentrum organisiert werden. Diese führen ins Innere der Riedes, wo es beinahe weglos ist. Unter fachkundiger Anleitung kommt man an artenreichen Streuwiesen vorbei, die erst im Sommer ihre Blütenpracht ausbreiten. Zu den Besonderheiten gehören die aparte, im Hochsommer kräftig rot blühende Sumpf-Gladiole, gewissermaßen das botanische Wahrzeichen des Riedes. Weitere Glanzlichter der Streuwiesen-Flora sind Mehlprimel und Lungen-Enzian, der im Herbst seine tiefblau gefärbten Blüten öffnet. Die geführten Besuche im Wollmatinger Ried enden auf verdeckten, erhöhten Plattformen, die einen Überblick über das Schilfmeer und die vorgelagerten Seebereiche mit den je nach Jahreszeit rastenden Wasservögeln ermöglichen.

Eine weitere Möglichkeit, einen Eindruck vom Wollmatinger Ried zu erhalten, ist eine Fahrt mit einem Schiff auf dem Seerhein. Die Fahrrinne ist dort sehr schmal, und die Wasservögel sehen in den langsam vorbeifahrenden Schiffen keine Gefahr. So kann man sie vom Boot aus gut beobachten. Kormorane breiten auf Sandbänken ihre Flügel aus. Ganz großes Glück hat man, wenn man am Rande des Röhrichts einen weißen Silberreiher sieht.

04

Die Insel Mainau

Ein Blütenmeer im Schwäbischen Meer

Insel Mainau (Stadt Konstanz) im Überlinger See; Park mit exotischen Gewächsen und Tieren; barockes Schloss, Kinderzoo, Spielmöglichkeiten für Kinder, prächtige Ausblicke

Empfohlene Besuchszeit: ganzjährig

Pkw
B 33/L 220/K 6173/L 219 Allensbach – Wollmatingen – Litzelstetten – Mainau; Parkplatz vor dem Steg zur Insel

Bus
Stadtbus Konstanz, Linie 4: Hauptbahnhof – Dettingen, bis Haltestelle Mainau

Schiff (nur im Sommerhalbjahr)
Konstanz – Meersburg – Mainau – Überlingen (Fahrplan Nr. 10501)

Ziel für Wanderer (markierte Wanderwege)
- Bodensee-Rundweg (blauer Punkt mit Pfeil): Dingelsdorf – Litzelstetten – Mainau – Konstanz, bis zum Inselsteg
- Querweg Freiburg – Bodensee (rot-weiße Raute in Gelb): Langenrain – Wallhausen – Litzelstetten – Petershausen; Zugang zur Mainau entweder ab dem südlichen Ortsrand Litzelstetten über den abzweigenden Wanderweg (gelbe Raute, blauer Punkt mit Pfeil) oder ab der Universität Konstanz über den Wanderweg (gelbe Raute) nach Egg und weiter (blauer Punkt mit Pfeil) zur Mainau

Zugang zur Insel über eine 300 m langen Brücke oder per Linienschiff; Rundgänge im Park; Gaststätten; Öffnungszeit von Sonnenauf- bis Sonnenuntergang; Eintrittsgebühr.

Die **Mainau** ist ein Aushängeschild der Region. Sie ist keine subtropische Insel; das Klima ist deutlich kühler als dasjenige der norditalienischen Seen, wo subtropische Pflanzen wie der Ölbaum und die Chinesische Hanfpalme den Winter gut überstehen. Auf der Mainau standen die schon in früheren Zeiten berühmten Citrus-Bäumchen, Bananen- und sonstigen Palmen trotz festem Standort im Boden immer nur in der warmen Jahreszeit im Freien, für den Winter wurden um sie herum Glashäuser errichtet. Außerdem sorgen Züchtungen und sonstige Gartenkunst dafür, dass manche “südländische” Pflanzenart unbeschadet durch den Bodensee-Winter kommt.

Inzwischen besitzt die Mainau ein echtes Palmenhaus, eine ganzjährige, moderne Glaskonstruktion, die zum barocken Deutschordensschloss in starkem Kontrast steht. Hinzu kam das Schmetterlingshaus, das ein durchaus tropisch anmutendes Ambiente ausstrahlt. Dennoch kann der Mainau-Besucher ohne Frage ein wenig den Zauber verspüren, für den die Seen und Landschaften des südlichen Alpenrandes bekannt sind.

Das riesige Angebot an Blumen, Ziergräsern, Farnen, Sträuchern und Bäumen kann hier nicht annähernd erschöpfend beschrieben werden; deshalb beschränken wir uns auf wenige Besonderheiten. Der Park der Insel Mainau ist zu jeder Jahreszeit besuchenswert, sei es weil bestimmte Pflanzen in einer bestimmten Phase des Jahreszyklus besonders in Erscheinung treten oder weil die Bepflanzung gärtnerischer Anlagen der Saison entsprechend gewechselt wird.

Im **Winter** sind es die vielen wintergrünen Gehölze, die in dieser Jahreszeit voll zur Geltung kommen; im Sommer können sie oft mit der Pracht der anderen, laubabwerfenden Gehölze kaum konkurrieren. In milden Winterphasen zeigen einzelne der winterblühenden Gehölze schon ihre Blüten. Wenn selten einmal Schnee

Schmetterling Baumnymphe

liegt, heben sich die mächtigen und mitunter bizarren Baumgestalten besonders eindrucksvoll ab.

Das **Frühjahr** ist mit den unzähligen zur Blüte kommenden Zwiebelgewächsen vielleicht die schönste Jahreszeit auf der Insel. Besonders reizvoll ist die Wiese mit den blühenden Kirschbäumen, unter denen im Gras unzählige Blüten von Tulpen und Narzissen leuchten – so, als seien es wilde Pflanzen, dabei ist es ein wohl komponiertes Bild für die begeisterten Besucher.

Im Mai scheint ohne Ausnahme alles zu blühen; die Natur entfaltet ein üppiges Blütenmeer. Eine Pflanzengruppe fällt dann besonders auf: die Rhododendren und Azaleen. In norddeutschen Parks können Rhododendren zu Strauchbäumen heranwachsen, weil dort der saure Boden, den sie zum Gedeihen benötigen, von Natur aus vorhanden ist. Hier in den kalkreichen, basischen Böden des Bodenseeraumes kostet es die Gärtner viel Mühe und Aufwand, die rauschende Blütenfülle der Rhododendren herbeizuzaubern.

Im Juni kommen unzählige Rosenarten und -sorten zur Blüte; sie machen aus der Mainau ein Rosenparadies. Die **"Straße der Rosen"**, einer der Höhepunkte der Insel, weist ein

Palmenhaus

Im Schmetterlingshaus

Falter auf tropischem Busch

Schmucklilie

Semikaldus-Dahlie

Im Tulpen-Monat April

Tulpen

großes Sortiment an Strauchrosen auf. Viele Stöcke sind schon recht alt, manche stammen von Sorten, die anderswo kaum noch zu sehen sind. Da sie zumeist nur einmal im Jahr blühen, empfiehlt sich der Juni als Besuchsmonat. Später im Jahr kann man dann über die Vielfalt der Hagebutten staunen.

In der Wärme des **Sommers** blühen die subtropischen Pflanzen, die sich in ihren Kübeln nun so wohl fühlen, dass sie eine große Blütenpracht entwickeln.

Dann folgt die hohe Zeit der Dahlien. Ein Rausch von Blumen in allen Farben und Formen überzieht alljährlich das Hanggelände im Süden der Insel, und jeder Besucher kann dabei mitwirken, einer Dahliensorte den Titel "Dahlienkönigin" zu geben.

Im **Herbst** scheinen bei manchen Gehölzarten die Blätter zu blühen. Das Laub färbt sich so knallig bunt, dass es mit der Farbigkeit von Blüten wetteifern kann.

Als letzte im Reigen der Herbstfärbungen legt sich die prächtige "**Straße der Urweltbäume**" im November ein rostbraunes Gewand zu, ehe auch diese Bäume kahl werden. Die Urweltbäume, mit dem richtigen Namen Chinesisches Rotholz genannt, wurden 1959/60 entlang der damaligen Fahrstraße als Stecklinge gepflanzt. Sie waren aus einem Mutterbaum gezogen worden, der seinerseits im Jahr 1952 am südlichen Mainau-Ufer als 70 cm hohes Bäumchen gepflanzt worden war. Dieses Exemplar ist einer der ältesten Urweltbäume Europas. Die Baumart galt als ausgestorben und war nur aus fossilen Gesteinsabdrücken bekannt, bis sie im Jahr 1941 als "lebendes Fossil" in Ostasien entdeckt wurde.

Eine weitere Besonderheit der Mainau sind große, ausgewachsene Italienische Säulenzypressen – zwar

Blumentreppe

nicht in der Häufigkeit, wie sie die Landschaft der Toskana prägen, aber doch einzigartig in Mitteleuropa. Der Großherzog von Baden, dem damals die Insel Mainau gehörte und der hier unbedingt diese Sinnbilder des sonnigen Italien haben wollte, ließ im Jahr 1877 Mutterbäume pflanzen, die abhärten sollten, ehe sie Samen brachten. Aus sehr vielen Jungpflanzen wurden diejenigen gewonnen, die die schweren winterlichen Frostnächte überstanden. Diese Selektion wurde über Jahrzehnte betrieben, so dass es nur noch solche Bäume gibt, die den jährlichen Härtetest bestehen.

Beim **Schmetterlingshaus** wurde eine Reihe echter Pinien gepflanzt, vielleicht die einzigen in Deutschland. Werden sie hohe Stämme mit den typischen schirmartigen Kronen ausbilden oder werden sie einmal Opfer eines strengen Winters werden?

Auch bei großem Besucherandrang bleibt das **Arboretum**, im Bereich der höchsten Insel-Erhebung gelegen und das eigentliche Herz der Insel, zumeist ein Ort der Stille, nur unterbrochen von lauten Schreien der Pfaue. Hier findet man Bäume aus Regionen Nordamerikas und Ostasiens, die mit den unsrigen vergleichbare Klimabedingungen aufweisen. Erwähnt seien nur der Taschentuchbaum, die Japani-

Urwelt-Bäume

Detail eines Urwelt-Baums

Naturbelassene Uferpartie

Die "Blumentiere", eine Idee der Mainau

Frauenschuh-Orchidee

Exotische Blüte

Orchidee

sche Schirmmagnolie und der Tulpenbaum. Außerordentlich mächtig sind die Mammutbäume.

Im **Palmenhaus** steht, geschützt vor der kalten Witterung unserer Winter, als höchstes Exemplar eine 15 Meter hohe Kanarische Dattelpalme, die schon 1888 gepflanzt wurde und sich durchaus messen kann mit den Alleebäumen der Riviera und Côte d'Azur. In der Nachbarschaft dieser Palme befindet sich eine Blaue Palme, ebenfalls ein sehr schönes Exemplar.

Der Ehrgeiz der Mainau-Gärtner, subtropische Pflanzen ganzjährig ins Freie zu stellen und sie dort überwintern zu lassen, führt immer wieder zu neuen Experimenten. So werden inzwischen zehn Exemplare der Chinesischen Hanfpalme, der Palme des Tessins, nicht mehr in Überwinterungshäuser gebracht. Allerdings sind sie eingewickelt in einen Frostschutz, damit sie den Winter im Freien auch ohne zu großes Risiko durchstehen. Selbstverständlich findet man im Bereich des Palmenhauses nach wie vor die seit Jahrzehnten bewunderten Bananen, weitere Palmenarten sowie Zitronen- und sonstigen Citrus-Bäumchen. Die exotisch anmutende Welt wird durch die Rufe der Papageien unterstrichen.

Der Reiz subtropischer Pflanzen wird im Schmetterlingshaus – angeblich das größte in Deutschland – noch übertroffen durch eine gärtnerisch arrangierte Tropenwelt, wie sie in der Natur selbstverständlich so nicht vorkommt. Hier erlebt der Besucher die romantische Vorstellung der Tropen mit Orchideen und anderen farbenprächtigen Blüten, mit sehr viel saftigem Grün, aber ohne Dämmerlicht, unausstehlicher Luftfeuchtigkeit und gefährlichen Tieren. Eine große Zahl fremdartiger Falter sitzt und flattert ohne irgendwelche Absperrung scheinbar ungerührt auch zwischen den umhergehenden Besuchern; dazu gibt es noch Vögel, Schildkröten und eindrucksvolle Wasserfälle. Auch wenn es offensichtlich ist, dass das Arrangement im Innern des Schmetterlingshauses eine künstliche Welt darstellt, wird sich doch niemand seinem Zauber entziehen und es ohne Begeisterung verlassen.

Viel bewundert und entsprechend viel fotografiert sind im Park die "**Blumentiere**". Sie sind eine Erfindung der Mainau, die jetzt vielerorts nachgeahmt wird. Auch auf die Wünsche der Kinder ist die Inselverwaltung im Laufe der Jahre immer mehr eingegangen, sowohl mit Haustieren, welche von den Kindern aus allernächster Nähe angesehen werden können, als auch mit Möglichkeiten, dem Drang nach Bewegung nachkommen zu können.

Auf der Mainau gibt es auch wild lebende **Tiere**. Eine Besonderheit sind die Mauereidechsen. Dieses Reptil kommt im Hegau zwar auch am Ho-

hentwiel und Rosenegg vor, wo man die Tiere aber kaum zu Gesicht bekommt. Hier auf der Mainau fallen die Tiere leicht auf, wenn sie sich sonnen und plötzlich weghuschen, sobald man ihnen zu nahe kommt.

Am besten kann man die **Wasservögel** des Bodensees von der Verbindungsstraße zum Festland beobachten. In den großen, flachen Buchten beiderseits der Brücke halten sich im Winterhalbjahr riesige Vogelschwärme auf, wo die Tiere im stillen und seichten Wasser oder auf trocken gefallenen Schlammbänken nach Nahrung suchen.

Nicht zu vergessen ist die fantastische Bodensee-Landschaft, in welche die Insel eingebettet ist. Insbesondere auf der Insel-Südseite gibt es sehr viele **Aussichtsbänke**. Immer wieder gleiten am Horizont des weiten Sees die zwischen Konstanz und Meersburg pendelnden Autofähren vorbei, und an klaren Tagen zeigt sich auch das Alpenpanorama in seiner ganzen Pracht.

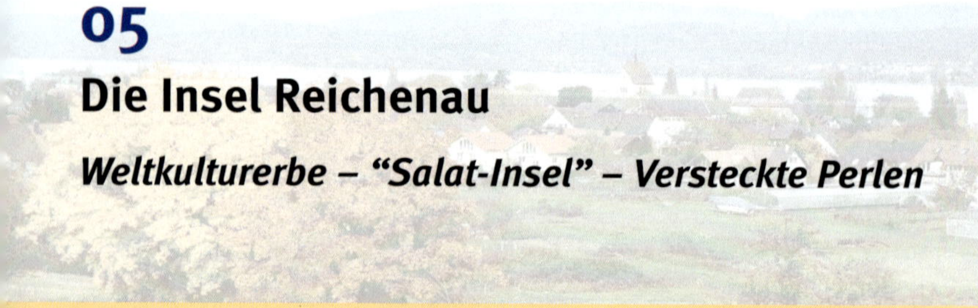

05

Die Insel Reichenau

Weltkulturerbe – “Salat-Insel” – Versteckte Perlen

Insel Reichenau (Gemeinde Reichenau) im Untersee; landwirtschaftlich intensiv bewirtschaftet (Sonderkulturen, Gemüse); naturnahe Lebensräume an den Seeufern; ehemalige Klostergebäude mit 3 Kirchen aus dem frühen und hohen Mittelalter in Ober-, Mittel- und Niederzell; mehrere Museen. Weltkulturerbe der UNESCO

Empfohlene Besuchszeit: ganzjährig, Sommerhalbjahr

Pkw
B 33 Radolfzell – Konstanz, bis zur Abzweigung der L 221 zur Insel Reichenau, 2 km westlich Ortsrand Konstanz; Parkplätze auf der Insel gebührenpflichtig und häufig überlastet

Bus
Konstanz-Wollmatingen – Reichenau-Bahnhaltepunkt – Reichenau-Niederzell (Nr. 7372)

Schiff (nur im Sommerhalbjahr)
- Konstanz – Reichenau – Radolfzell (Fahrplan Nr. 10504);
- Konstanz – Reichenau – Schaffhausen (Fahrplan Nr. 10503);
- Allensbach – Reichenau

Ziel für Wanderer (markierte Wanderwege)
- Auf der Insel: Ruine Schopflen – St. Georg – Nordufer – Mittelzell – Niederzell – West- und Südufer – Schiffslände – Hochwart – Mittelzell und Oberzell (gelbe Raute)
- Allensbach – Hegne – Ruine Schopflen – Oberzell (blauer Punkt mit Pfeil, gelbe Raute)

Wegführung (s. Karte)
Rundwanderungen und Spaziergänge nach freier Wahl durch Kombination verschiedener markierter Wanderwege (s.o.); Länge insgesamt ca. 12,5 km; mit dem Fahrrad Rundfahrt auf weitgehend gleichen Routen

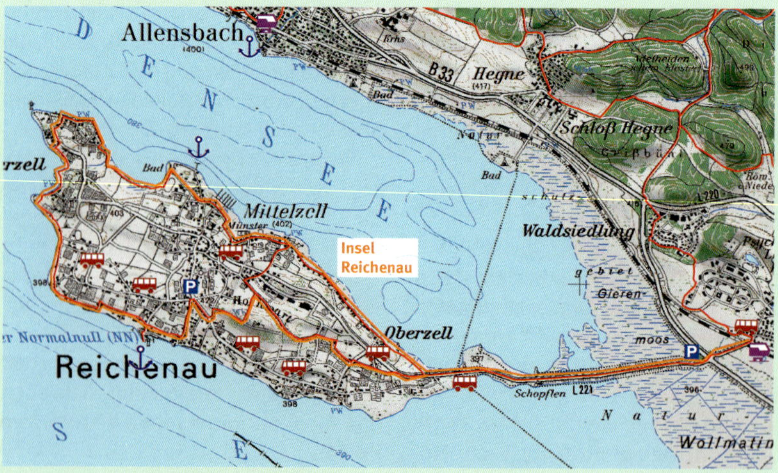

Auf der **Insel Reichenau** sind Natur und Kultur eng miteinander verbunden. Die besichtigenswerten Punkte liegen weit auseinander, weshalb sich eine Rundfahrt mit dem Fahrrad empfiehlt. Die Insel ist intensiv landwirtschaftlich genutzt, daher sind naturnahe Lebensräume nur im Bereich der Seeufer zu finden.

Fast alle Besucher erreichen die Insel auf dem 1838 aufgeschütteten **Damm**, ein Werk des später auch im Eisenbahnbau berühmt gewordenen badischen Ingenieurs Robert Gerwig. Links und rechts der Straße fallen am Dammfuß im seichten Wasser die breiten Röhrichtbestände auf, die den freien Blick auf den See sehr einschränken. Die früher vorhandenen Weißen Seerosen sind leider verschwunden. Vielleicht findet man zu Sommeranfang vereinzelt im Schilf noch das stattliche Sumpf-Greiskraut, eine bis mannshoch aufwachsende, gelb blühende Staude. Über die Straße erhebt sich eine dreifache Reihe aus Säulenpappeln, die den Übergang zur Insel begleitet; sie gibt dem Landschaftsbild die besondere Prägung.

Am inselseitigen Ende des Dammes steht die Ruine der **Burg Schopflen**, die früher der Verteidigung der hier nur durch seichtes Wasser vom Festland getrennten Insel diente. In der Ruine kann man auf eine **Plattform** zur Vogelbeobachtung steigen. Im Winterhalbjahr sieht man von hier aus – am besten mit einem Fernglas – auf den Wasser- und Schlickflächen Tausende von Wasservögeln, die hier überwintern. Sie kommen hauptsächlich aus Skandinavien, Russland und Sibirien. Dominierend erscheinen die Reiher- und Tafelenten. Von der Plattform überblickt man außerdem große Teile der Seebuchten im Gnaden- und Rheinsee.

Ob zu Fuß oder mit dem Fahrrad, zur Erkundung der Naturschönheiten auf der Insel empfiehlt sich die Umrundung auf meist ufernahen Wegen. Entlang der **Ufer** fallen sofort die Silber-Weiden auf, die als typische Auenbäume das Reichenauer Seeufer begleiten. Gut zu erkennen ist die Silber-Weide an den silbrig schimmernden, länglichen Blättern. Sie können zu eindrucksvollen Exemplaren heranwachsen und stattliche Stämme von großem Umfang hervorbringen. Wenn ein alter Weidenbaum umkippt und abstirbt, bietet er auch dann noch einen imposanten Anblick.

Am **Nordufer** der Insel befindet sich viel Schilfröhricht. An manchen Stel-

Silber-Weiden am Reichenau-Damm

Weg vom Nord- zum Süd-Ufer

Kiebitz

Schwarzhalstaucher

Blässralle

Höckerschwan

len zeigen sich im Frühjahr blau blühende Sibirische Schwertlilien und im Spätsommer die krokusartigen Blüten der Herbstzeitlosen.

Vom Nordufer kann man auf einem Fußpfad weitgehend ufernah zum Südufer gehen. Wer im zeitigen Frühjahr am Strand auf der **Westseite** der Insel unterwegs ist, findet mit viel Glück auf dem kiesigen Seeboden sogar das Bodensee-Vergissmeinnicht. Die winzigen Pflanzen blühen zeitig im Frühling, bevor der durch Schneeschmelze ansteigende Wasserspiegel ihre Standorte während des Sommers überschwemmt.

In der Nähe der **Schiffslände** am Südufer kann man den Schwarzhalstaucher, einen recht seltenen Wasservogel, oft beobachten. Die Zahl der Wasservögel, die man von den Ufern der Insel Reichenau aus sehen kann, ist je nach Jahreszeit unterschiedlich groß. Aber Höckerschwäne, Blässrallen, Stockenten, Lachmöwen und Haubentaucher sieht man fast immer. Ab und zu fliegen ganz flach über dem Wasser auch Kormorane – große, schwarze Vögel mit vorgestrecktem Hals. Sie tauchen im See nach Fischen, die sie als Ganzes her-

Münster Mittelzell mit Kräutergarten

unterschlingen. Auf der Insel kann man besonders im Frühjahr mitten in den Gemüsefeldern einen Vogel sehen, den man hier gar nicht vermuten würde: den Kiebitz.

Im Ortsteil **Mittelzell** liegt das ehemalige Kloster mit dem romanischen Münster St. Maria und Markus. An das ehemalige Kloster erinnert heute auch der Kräutergarten an der Nordostseite des Münsters, welches als Bauwerk von hier aus besonders gut zur Wirkung kommt. In diesem Garten werden jene 23 Heil- und Küchenkräuter sowie Zierpflanzen in Beeten dargestellt, die der Abt Walahfried Strabo in seinem Lehrbuch über den Gartenbau beschrieben hat. In diesem Kräutergarten hat der heutige "Gemüsegarten Reichenau" gewissermaßen einen Vorläufer – und das vor rund 1200 Jahren!

Die Insel wird heute vom **Gemüse- und Gartenbau** beherrscht. Die früheren Freilandkulturen wurden zunehmend durch Gewächshäuser ersetzt, die inzwischen zu riesigen Gewächshauskomplexen wurden. Einst war die Reichenau ein großes Weinbaugebiet. Klimatische Risiken, insbesondere die große Frostgefahr, ließen den ur-

Münster Reichenau-Mittelzell, Ölbild (1625)

Ausbau der Gewächshaus-Kulturen

Freilandkultur

Strauchtomaten-Zucht im Gewächshaus

Landschaftsprägender Salatanbau

Private "Klein-Mainau" in Niederzell

Palmfarne, Fuchsienbaum, Ind. Blumenrohr

sprünglich vorherrschenden Rebbau bis auf Kleinflächen schrumpfen. Der Gemüsebau trat an dessen Stelle. Inzwischen weiten sich an der Hochwart die **Rebflächen** wieder aus. In den Gewächshäusern werden im Sommerhalbjahr hauptsächlich Schlangengurken und Tomaten angebaut. Im Winterhalbjahr dominieren Salate, insbesondere der Feldsalat. Im Frühjahr wachsen außerdem Radieschen, Rettiche und Kohlrabi. Unter den Gemüsearten gibt es eine wenig bekannte Spezialität der Insel Reichenau: den Knollenfenchel.

Manche Gemüseflächen im Freiland wirken wie eine malerische **Landschaftsdekoration**, als wären sie von Gartenarchitekten gestaltet, so zum Beispiel, wenn in mehrfacher Folge streifenförmig nebeneinander Beete mit schwarzroten und grünen Salatsorten wechseln. Besonders beeindruckend sind solche Gemüsebilder bei der Kirche St. Georg im Ortsteil Oberzell, dem markanten, frei in der Landschaft stehenden Gebäude am östlichen Eingang der Insel.

In der Riedstraße im Ortsteil Niederzell gibt es ein "**Klein-Mainau**", ein subtropisch-exotisches Pflanzenparadies in einem privaten Vorgarten. Das milde Klima der Insel, das ja auch Grundlage des Gemüseanbaus ist, lässt exotische Pflanzen wie Bananen, Hanfpalmen, Zwergpalmen, Baumfarne, Echte Zypressen, Bougainvilleen, Engelstrompeten, Lantanen, Keulenlilien aus Neuseeland, Indisches Blumenrohr, Palmfarne, Agaven und mächtige Fuchsienbäumchen gedeihen. Sogar ein echter Drachenbaum, eigentlich auf den Kanaren zuhause, ist zu bewundern.

Von der **Hochwart**, einem Drumlin-Hügel aus der Eiszeit sowie mit 439 mNN höchster Punkt der Reichenau und etwa 40 Meter über dem Seespiegel, hat man einen herrlichen Rundumblick. Man sieht unter anderem Allensbach am jenseitigen Ufer des Gnadensees, im Nordwesten den hohen Turm des Radolfzeller Münsters mit den Hegaubergen dahinter, im Westen die auf einer kleinen Anhöhe sitzende Kirche von Horn mit der Höri und dem Schiener Berg und im Süden den Thurgauer Seerücken mit seinen Schlössern und den schmucken Schweizer Uferorten sowie bei klarem Wetter im Südosten die Alpengipfel.

Das Kloster Reichenau

Das Benediktinerkloster auf der Insel wurde 724 durch den heiligen Pirmin, einem Westgoten, gegründet. Es war im frühen und hohen Mittelalter, besonders im 8. und 9. Jh., ein kirchliches, politisches und wissenschaftliches Zentrum des ganzen christlichen Abendlandes. Reichenauer Äbte waren zur Zeit des fränkischen Reiches Erzieher, Berater und Kanzler karolingischer Kaiser. Walahfried Strabo (808/09 – 849), Abt von 839 bis 848 und Dichter, schuf mit seinem "Liber de cultura hortorum" ("Von der Pflege der Gärten", 827, auch "Hortulus" = Gärtlein genannt), ein Lehrbuch über den Gartenbau und den Nutzen der Gartenkräuter. Es handelt sich um das bedeutendste botanische Werk des Mittelalters.

Mit dem Investiturstreit zwischen Papst, Kaiser und den "Reformklöstern" (ab 1076) verlor das Kloster Reichenau seine herausragende Stellung. Noch vor der endgültigen Säkularisierung 1803 wurde es 1757 bereits aufgehoben. Seit dem Jahr 2001 gibt es wieder mönchisches Leben auf der Insel: Benediktiner der Erzabtei Beuron errichteten eine "Cella" bei der KIrche in Niederzell. Heute ist die Reichenau wegen ihrer reichen Geschichte und der Sakralbauten Weltkulturerbe der UNESCO.

Hochwart mit Weinanbau

Touristischer Blumenschmuck

Juwel der Wandmalerei: Oberzell

Dioramen im Museum Reichenau

"Wappentier" des Bodensees: der Wels

06

Seeufer und Waldrand zwischen Hegne und Allensbach

Das Bodensee-Vergissmeinnicht

Bodenseeufer am Campingplatz Hegne (Gemeinde Allensbach) mit Strandrasen-Vegetation und Wasservögeln; sonniger Waldrand nordöstlich von Allensbach mit reicher Frühlingsflora, Aussicht über den Untersee; kleiner Weiher mit Wasser- und Uferpflanzen

Empfohlene Besuchszeit: April

Pkw
B 33 Radolfzell – Allensbach – Konstanz; bei Hegne abbiegen zum Campingplatz (Parkplatz) oder in den Ort Hegne (Parkplätze am Kloster direkt neben der B 33)

Bus
- Radolfzell – Konstanz (Fahrplan Nr. 7354), bis Haltestelle Hegne-Kloster;
- Konstanz – Allensbach – Langenrain (Fahrplan Nr. 7370), bis Haltestelle Hegne-Kloster; dann direkt auf die u.g. Rundwanderung bzw. zunächst zum Campingplatz

Eisenbahn
Engen – Singen – Radolfzell – Konstanz – Kreuzlingen – Weinfelden (Fahrplan Nr. 720, 720.2), bis Hegne (nur Nahverkehr); vom Haltepunkt direkt zum Campingplatz oder zur u.g. Rundwanderung in den Ort

Ziel für Wanderer (markierte Wanderwege)
- Bodensee-Rundweg: Konstanz- Radolfzell (blauer Punkt mit Pfeil); in Hegne Abstecher zum Campingplatz; ab Dorf Hegne weiter in Richtung Allensbach, zwischen Hegne und Röhrenberg (Schmieder-Kliniken) gleichlaufend mit Teilstrecke der u.g. Rundwanderung
- Dingelsdorf – Hegne – Allensbach (gelbe Raute, blauer Punkt mit Pfeil), zwischen nördlichem Ortsrand von Hegne und Röhrenberg (Schmieder-Kliniken) gleichlaufend mit Teilstrecke der u.g. Rundwanderung; in Hegne Abstecher zum Campingplatz

Wegführung (s. Karte S. 47)
Campingplatz Hegne mit Vogelbeobachtungsplattform; ab hier Rundwanderung bis zu den Schmieder-Kliniken oberhalb Allensbach. Zunächst westlich am Schloss (Kloster) Hegne vorbei zum Dorf, anschließend auf markiertem Wanderweg zum nördlichen Ortsrand und weiter stets dem Waldrand entlang in Richtung Westen ("Hegner Weg") bis zur Schmieder-Klinik; vorbei am Baderle-Weiher; hinauf zum Aussichtspunkt des Röhrenbergs; dann entweder weiter auf dem markierten Wanderweg nach Allensbach (Rückfahrt per Bahn) oder zurück zur Schmieder-Klinik; diese durchqueren und dem anschließenden Wirtschaftsweg in östlicher Richtung folgen (keine Wegmarkierung); an dessen Ende nach Süden zur B 33 und dann dieser entlang wieder nach Osten gehen entweder in das Dorf Hegne oder zum Campingplatz.

Das größte Vorkommen des seltenen Bodensee-Vergissmeinnichts würde man dort erwarten, wo es sich völlig ungestört entwickeln kann. Das Gegenteil ist der Fall: dieses Kleinod des Bodensees ist in stattlicher Anzahl auf dem **Badestrand des Campingplatzes** von Hegne zu finden! Die Blümchen fallen nicht sofort ins Auge. Zumeist müssen sie zwischen den vielen grauen Kieselsteinen am Strand gesucht werden. An vielen Stellen sieht man die geduckten hellblauen Blüher, die manchmal auch mit rosafarbenen Blüten aufwarten. Sie sehen unserem Gartenvergissmeinnicht zwar ähnlich – wirken aber mehr als Polsterpflänzchen, die kaum über die Kieselsteine hinwegschauen können. Zur Zeit der Blüte dieses Kleinods in der zweiten Aprilhälfte ist der Campingplatz Hegne noch nicht belebt. Wer die Pflänzlein aufsucht, hat freien Zutritt zum Strand. Man sollte sich aber auf dem Kiesstrand sehr umsichtig bewegen, um die empfindlichen und unscheinbaren Pflanzen nicht zu zertreten – Strandrasen am Bodenseeufer sind besonders geschützte Biotope!

Das Bodensee-Vergissmeinnicht gehört zu einer ökologischen Familie, die man als Strandrasen-Vegetation bezeichnet. Zu ihr zählen weitere Pflanzenarten, die alle in Deutschland zumeist ebenso extrem selten sind wie das Bodensee-Vergissmeinnicht. Und alle sind an den veränderlichen Wasserstand des Bodensees angepasst, der in einem Normaljahr fast zwei Meter Höhendifferenz zwischen dem winterlichen Niedrigwasser und dem von der Schneeschmelze in den Alpen verursachten Wasserhöchststand im frühen Sommer ausmacht. Alle Lebewesen – Pflanzen wie Tiere – müssen mit den Wasserschwankungen zurechtkommen. Für das Bodensee-Vergissmeinnicht bedeutet dies, dass es das Sommerhalbjahr als Unterwasser-

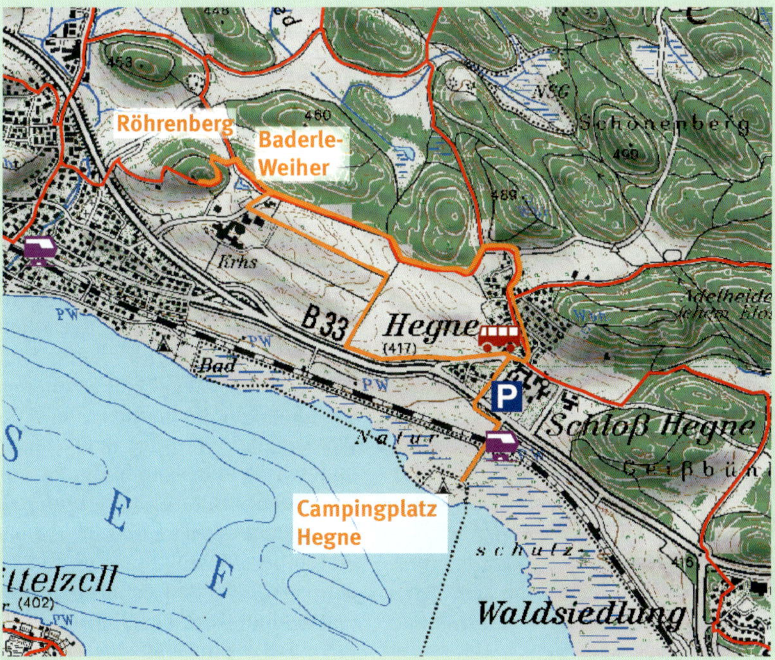

Bodensee-Vergissmeinnicht

Uferpartie in Allensbach

Kormorane beim Flügeltrocknen

Strandling

pflanze verbringt. Einen solchen Lebensraum gibt es nur noch an den wenigen Seen im Alpenvorland, deren Wasserstand nicht künstlich reguliert wird.

Wenn man sich schon auf diesem Areal befindet, sollte man auch die hölzerne Vogelbeobachtungskanzel am Ufer aufsuchen. Von hier aus gibt es immer Vögel zu sehen. Wenn man Glück hat, kann man so elegante Flieger wie die Fluss-Seeschwalbe oder den Baumfalken bei der Jagd über dem Wasser beobachten.

Zu empfehlen ist auch ein Spaziergang vorbei am Kloster der Heilig-Kreuz-Schwestern (Besuchsmöglichkeit des Nonnenfriedhofes) und am **Waldrand** entlang bis zu den Rekonvaleszenz-Einrichtungen der Allensbacher Schmieder-Kliniken. Dabei sieht man am Waldrand eine solche Häufung von Nesthaufen der Roten Waldameise, wie man sie wohl nur selten in Deutschland findet. Im Frühjahr – zur Blütezeit des Bodensee-Vergissmeinnichts – findet man am Waldrand blühend eine große Vielzahl von Pflanzenarten wie Zypressen-Wolfsmilch, Knolliger Hahnenfuß, Buschwindröschen, Frühlings-

Baderle-Weiher

Platterbse, Kreuzlabkraut, Kriechender Günsel, Löwenzahn, Knoblauchsrauke, Durchwachsenblättriges Hellerkraut, Wiesen-Schaumkraut, Wald-Veilchen, Immergrün, Gamander-Ehrenpreis, Reiherschnabel, Hopfenklee und Acker-Stiefmütterchen. Diese Liste ließe sich noch fortsetzen; sie zeigt die große Vielfalt an den Waldrändern. Im Frühjahr, wenn das Ausschlagen der Gehölze beginnt, stehen manche Bäume – etwa die Birnbäume – bereits in voller Blüte. Es ist dann auch die Zeit des intensiven Vogelgesanges.

In der Nähe der Schmieder-Kliniken stößt man auf einen kleinen See, den **Baderle-Weiher**. Hier stehen zu dieser Zeit die Horste der Steifen Segge in voller Blüte. Sie sieht nicht aus wie eine Blume, aber die Massierung gelber Blütenstände bringt den Effekt. Im Röhricht fällt ein mannshohes Sauergras auf, das im Winter seine grüne Farbe nicht verloren hat. Es ist die Schneide, eine Kostbarkeit der Seen in der Bodenseeregion. Unter Wasser fangen Hunderte salatartige Blätter das Licht auf; sie gehören zur Gelben Teichrose.

Geht man über den Baderle-Weiher hinaus und auf den bewaldeten Hügel des **Röhrenberges** hinauf, so bietet sich ein schöner Blick über den Untersee mit der Insel Reichenau und dem Thurgauer Seerücken im Hintergrund.

Steife Segge am Baderle-Weiher

Frühlings-Platterbse

Kreuzlabkraut

Gamander -Ehrenpreis

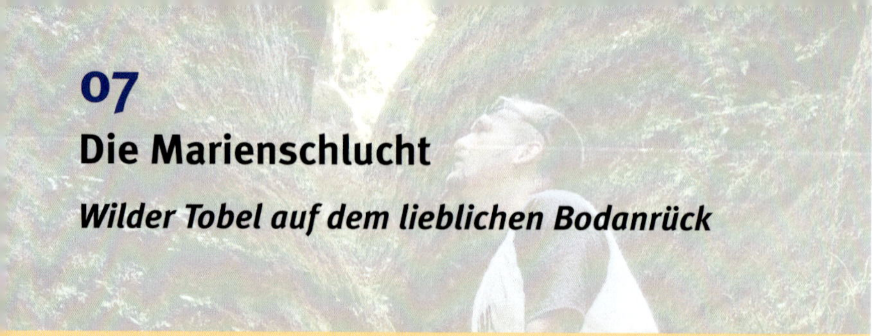

07

Die Marienschlucht

Wilder Tobel auf dem lieblichen Bodanrück

Steile und teilweise sehr enge Schlucht im Steilabfall des Bodanrücks zum Überlinger See, ca. 1 km östlich Langenrain (Gemeinde Allensbach); imposante Molassefelsen; Burgruine Kargegg; in der Umgebung interessante Pflanzenarten.

Empfohlene Besuchszeit: Hochsommer

Pkw
L 220 Güttingen – Dettingen – Konstanz; ca. 300 m östlich Langenrain abbiegen auf das Zufahrtssträßchen (Golfplatz) zum Parkplatz oberhalb der Schlucht

Bus
Konstanz – Allensbach – Langenrain-Dorfplatz (Fahrplan Nr. 7370); ab Langenrain auf markiertem Wanderweg (rot-weiße Raute auf Gelb) zur Schlucht (s.u.)

Schiff (nur im Sommerhalbjahr)
Bodman – Ludwigshafen – Marienschlucht – Überlingen (Fahrplan Nr. 10502); Landesteg direkt am Ausgang der Schlucht

Ziel für Wanderer (markierte Wanderwege)
- Querweg Freiburg – Bodensee (rot-weiße Raute auf Gelb): Stahringen – Möggingen – Mindelsee – Langenrain – Wallhausen – Konstanz; führt durch den oberen Teil der Schlucht
- Bodensee-Rundweg (blauer Punkt mit Pfeil): Ludwigshafen – Bodman – Wallhausen – Dingelsdorf – Konstanz; führt am unteren Ende der Marienschlucht vorbei (Zwischen Bodman und Wallhausen für Fahrräder gesperrt!)
- Allensbach – Freudental – Langenrain – Marienschlucht (gelbe Raute); führt an das obere Ende der Schlucht

Wegführung (s. Karte)
Steiler Fußweg durch die Schlucht, z.T. auf Treppen und Stegen, von der Höhe des Bodanrücks bis zum Ufer des Überlinger Sees (Vorsicht, abseits der Wege Absturzgefahr!). Länge: 0,7 km, Höhendifferenz: 110 m

Blick in die Marienschlucht

Marien-Relief in felsiger Steilwand

Die Wysse – die Flachwasser-Zone

Ruine Kargegg

Die Schlucht

Die **Marienschlucht** zählt sicher zu den bekanntesten und beliebtesten Ausflugszielen am Bodensee, das aber dennoch ein Ort wilder Naturgewalten geblieben ist. Die Marienschlucht ist eine recht kurze, steile Schlucht auf dem mittleren Bodanrück, wo dieser jäh in den Überlinger See abfällt. Ein kurzer Bach hat sich mit relativ großer Erosionskraft in den Sandsteinfelsen der Oberen Meeresmolasse eingeschnitten, so dass nun stellenweise fast senkrechte Felswände ganz eng zusammenrücken. Zwar fließt meistens nur ein Rinnsal durch die enge Klamm, bei Starkregen kann es jedoch heftig anschwellen, und reißende Wassermassen mit Geröll und Baumstämmen stürzen sich durch die Rinne in den Überlinger See. Stege und Treppen aus Holz, die im teilweise kaum einen Meter breiten Abschnitt der Schlucht über dem Bach verlaufen, werden regelmäßig weggespült.

Jahrelang war die Marienschlucht gesperrt; ein Erdrutsch hatte den Durchgang verschüttet. Bei den Sanierungsarbeiten wurde entdeckt, dass die bis zu 30 m hohen Wände des weichen Molassegesteins nicht mehr

Klebriger Salbei

Breitbl. Stendelwurz

Strauchwicke

Wald-Geißbart

Süßer Tragant

standfest genug waren und befestigt werden mussten, damit keine Gefahr mehr für die Besucher der Schlucht besteht. Die Sanierung wurde im Jahr 2008 abgeschlossen, nun ist die sehenswerte Schlucht wieder begehbar.

Oberhalb der Schlucht thront die **Burgruine Kargegg** auf einer Sandsteinkuppe. Die um 1200 entstandene Burg wurde im Bauernkrieg 1525 endgültig zerstört und dem Verfall überlassen. Von ihr blieben nur Reste des Wohnturms und des Mauerrings.

Der **Abstieg** von der in schwindelerregender Höhe über dem Überlinger See errichteten Burg hinab in die Schlucht ist recht steil und abenteuerlich. Blickt man von der Burgruine oder vom Seeufer ins Wasser, so fällt dessen eigentümliche gelblich-türkise Färbung auf: das ist die sogenannte Wysse, das Flachwasser, das seewärts jäh an einem Unterwasser-Steilabfall endet, der bis in eine Wassertiefe von über 50 Metern abstürzt.

Der Pflanzenfreund wird in den schönen **Buchenwäldern** im Umfeld der Schlucht (Vorsicht, auch hier abseits der Wege Absturzgefahr!) einige interessante Pflanzenarten entdecken, die er andernorts kaum findet. Besonders erwähnt sei der Klebrige Salbei, der mit seinen großen, gelben Blüten erst im Hochsommer aufwartet. Sein Name rührt von seinem Stängel mit vielen klebrigen Drüsen her. Im Mai ist die seltene und wärmeliebende Strauchwicke mit einer Unzahl ebenfalls gelber Blüten besonders in etwas lichteren Waldbereichen auffällig.

Weiterhin findet man den Schmerwurz, eine stachelige Liane mit tropischer Verwandtschaft, den Süßen Tragant sowie Wald-Wicke, Christophskraut, Sanikel, Wald-Geißbart und Tüpfelfarn. Zwei Orchideen, die Breitblättrige Stendelwurz und das Rote Waldvögelein, kommen ebenfalls im Wald vor, letzteres relativ häufig.

08

Der Wild- und Freizeitpark Bodanrück

Wildtiere, Streichelzoo, Schulgarten und Feuchtgebiet

Wild- und Freizeitpark in der Jungmoränenlandschaft des Bodanrücks (Gemeinde Allensbach); einheimische und fremde Wildtiere, Greifvögel, Pflanzenarten der Feuchtgebiete; Schulgarten, Streichelzoo, Kinderspielplätze

Empfohlene Besuchszeit: ganzjährig, ausgangs Winter bis Juni

Pkw
K 6170/B 33 Radolfzell – Konstanz, bis Markelfingen; weiter über die K 6168 in Richtung Langenrain bis zu den u.g. Parkplätzen

Bus
Stadtbus Radolfzell, Linie 8 (nur 1. Mai bis 31. August): Radolfzell Bahnhof/ZOB – Markelfingen – Wildpark

Ziel für Wanderer (markierter Wanderweg)
Allensbach – Wild- und Freizeitpark – Mindelsee – Markelfingen (blauer Punkt mit Pfeil, gelbe Raute)

Wegleitung (s. Karte)
An der Kreisstraße Markelfingen – Langenrain, ca. 2,5 km ab Markelfingen; Parkplätze am Waldrand westlich des Parks; von dort ca. 400 m Fußweg; Landgasthaus, Hotel; Öffnungszeiten: Mai – Sept. 9 – 18, Okt – Apr: 10 – 17 Uhr; Eintrittsgebühr

Großer Weiher im Wild- und Freizeitpark

Schulgarten

Der Schulgarten ist gut ausgeschildert

Wald südlich des Wild- und Freizeitparks

Der **Wild- und Freizeitpark Bodanrück** ist weniger ein Wild-, als eher ein Freizeitpark mit Tieren – allerdings auch mit bemerkenswerten Pflanzen. Der Besuch lohnt sich insbesondere für Familien mit Kindern. Trotz des großen Besucherandrangs – insbesondere an Wochenenden mit Sonne und angenehmen Temperaturen – findet der Spaziergänger im Park immer noch Oasen der Ruhe.

Hier sei insbesondere das Umfeld des großen **Weihers** genannt. Während in der Natur die Röhrichte in Seeuferbereichen schwer zugänglich sind, kann man sie hier mit ihren Lebensgemeinschaften trockenen Fußes aus der Nähe erleben, sogar mit der Sibirischen Schwertlilie zu deren Blütezeit und den verschiedenen Libellenarten. Beim Weiher und dem Röhricht gibt es einen "Schulgarten"; dort wachsen viele schön blühende Pflanzenarten – scheinbar so, wie von Natur aus hier vorkommend. Alle Arten sind mit Schildchen beschriftet.

Ein großer Wildbienen-Stand zeigt, welche Vielzahl von kleinen und großen Hohlräumen von den Wildbienen

Falknerei des Wild- und Freizeitparks

angenommen werden. Ganz in der Nähe befindet sich ein Rosengarten, begrenzt von den Gleisen der Park-Eisenbahn.

Neben dem Weiherbereich mit seinen Anlagen bietet der Park einen großen Waldbereich mit Waldwegen. Hier ist das Schwarzwild (Wildschweine) zu finden. Die anderen Großtiere sind im Offenland untergebracht, meist auf großen Weideflächen. Zu finden sind Sikahirsche, Rothirsche, Damhirsche, Mufflons, Wisente und Steinböcke. Bei den Braunbären hat sich nach 14 Jahren des Wartens im Januar 2006 Nachwuchs eingestellt: Bären-Mama Semi gebar Zwillinge. Der Rest der Familie lebt in einem 1,8 Hektar großen Freigehege nebenan.

Ein **Falkner** zeigt verschiedene Greifvögel, sowohl einheimische Arten, als auch solche aus fremden Ländern. Zu bestimmten Zeiten werden Falken, Bussarde und ein großer Uhu vorgeführt; die Vögel können dann frei fliegen. Sie sind auch in ihren Volieren zu sehen, aber viel prächtiger stellen sie sich in ihrer kurzen Freiheit während der Demonstration dar.

Rotwild

Bären-Freigehege

Wisent

Schwarzwild

09

Der Mindelsee

Eiszeit-Relikt mit vielfältigem Riedgelände

Nacheiszeitlicher See auf dem Bodanrück bei Möggingen (Stadt Radolfzell), umgeben von einer Moränenhügellandschaft; vielfältiges Riedgelände (Naturschutzgebiet) mit charakteristischer Vegetation, naturnahen Wäldern und idyllischem Landschaftsbild; Naturschutzzentrum des BUND in Möggingen

Empfohlene Besuchszeit: Ausgangs Winter, Frühjahr

Pkw
K 6167 Radolfzell – Liggeringen, bis zum Wanderparkplatz südlich des Ortsrandes von Möggingen

Bus
Stadtbus Radolfzell, Linie 6: Radolfzell ZOB – Liggeringen, bis Haltestelle Möggingen-Am Ried, dann entlang der Kreisstraße zum Wanderparkplatz vor dem Ortsrand

Ziel für Wanderer (markierte Wanderwege)
- Querweg Freiburg-Bodensee (rot-weiße Raute auf Gelb): Steißlingen – Homburg – Güttingen – Möggingen – Langenrain; zwischen Dürrenhof und Hirtenhof gleichlaufend mit Teilstrecke der u.g. Rundwanderung
- Bodensee-Rundweg (blauer Punkt mit Pfeil): Bodman – Liggeringen – Hirtenhof – Mindelsee-Südufer – Markelfingen; zwischen Hirtenhof und Wanderparkplatz nördlich der Schnellstraße B 33 gleichlaufend mit Teilstrecke der u.g. Rundwanderung

Wegführung (s. Karte)
Rundwanderung um den Mindelsee, ausschließlich auf markierten Wanderwegen; ab Wanderparkplatz an der Kreisstraße südlich des Ortsrandes von Möggingen zunächst zur Nordwestecke des Sees, dann nach Norden und auf der Höhe entlang der Nordseite des Sees über den Dürrenhof bis kurz vor den Hirtenhof; anschließend abwärts zur Ostseite des Sees und nach Querung des Riedes zunächst direkt dem Südufer, dann dem Tal des Mühlbaches folgend bis kurz vor die Schnellstraße B 33 (Wanderparkplatz); schließlich auf dem von Nordwesten mündenden breiten Fahrweg zurück zum Wanderparkplatz bei Möggingen; Länge ca. 9,5 km.

Der **Mindelsee** ist eine Hinterlassenschaft der Würm-Eiszeit – wie auch der Bodensee und die anderen Voralpenseen. Und genau wie dieser hat auch der längliche Mindelsee die fast gleiche Ausrichtung von Südost nach Nordwest – also jene Richtung, in welcher die Eismassen des Rheingletschers während der letzten Eiszeit weit ins Alpenvorland vordrangen und bereits vorhandene Senken weiter aushobelten und vertieften sowie Moränenhügel aufhäuften.

Der heutige See in der weiten Senke ist ca. 2,2 km lang, an der breitesten Stelle ca. 0,6 km breit und mit bis zu 14 Metern recht tief. Er liegt etwa 11 Meter höher als der Bodensee und ist mit diesem durch den Markelfinger Mühlbach verbunden. Zwei Bäche im Osten, ein Bach im Westen und weitere Rinnsale führen ihm Wasser zu. Die umgebenden Hügel sind Moränen der Eiszeit aus Kies und Sand; Felsen gibt es am Mindelsee nicht.

Der BUND unterhält mitten im Ort Möggingen ein **Naturschutzzentrum** für den Mindelsee und führt seit den 1970er Jahren Naturschutzmaßnahmen durch. Die damals angelegten Nord-Teiche für Amphibien und Libellen wurden 2009 wieder freigelegt und nachbearbeitet. Im Naturschutzzentrum gibt es auch ein Modell des Sees und seiner Umgebung. Es ist trotz kleiner Fläche von frappierender Detailtreue, sogar die Dreiecksschilder, die an den Grenzen des Naturschutzgebietes stehen, sind in winziger Form dargestellt. Man sollte sich den Besuch des Naturschutzzentrums nicht entgehen lassen (Öffnungszeiten beachten!).

Das **Gebiet um den Mindelsee** bietet hohen Naturgenuss in einer sehr vielfältigen Landschaft bestehend aus dem See, den bewaldeten Hügeln und den ausgedehnten Ried- und Wiesenflächen. Alles lädt zum Entdecken geradezu ein, der Zugang in die Natur ist auf den Wegen sehr gut möglich. Viele Besonderheiten aus der Tier- und Pflanzenwelt des Naturschutzgebietes lassen sich von den Fußwegen aus erkunden. Die Besucherlenkung und Besucherinformation sind ein Paradebeispiel, wie Natur dem Interessierten dargeboten werden kann.

Der **Rundweg** um den See ist beinahe 10 Kilometer lang. Als Ausgangspunkt wird meist Möggingen gewählt, wo sich ein Wanderparkplatz südlich des Ortes befindet. Weitere Ausgangspunkte sind Markelfingen und der Gemeinmerkhof am Tier- und Freizeitpark Allensbach. Der Weg umkreist den See meist in einiger Entfernung, so dass man ihn aus mehr oder weniger größerer Distanz sieht. Beim Gang durch den Wald auf der Südseite kommt man ihm aber sehr nahe, auch von Westen her gelangt man direkt an den See heran.

Um den Mindelsee befinden sich fünf Hauptlebensräume, die für die enorme Vielfalt des Gebiets maßgeblich sind. Riedflächen auf Niedermoor gibt es im Osten. Früher waren sie mit Torfstichen durchsetzt, die wieder verlandet sind. Wiesenflächen liegen im Westen, die zum Teil noch landwirtschaftlich genutzt werden. Breite, naturnahe Verlandungszonen ziehen

Rundweg durch das NSG Mindelsee

Riedgelände mit Schwarzem Kopfried

Gewöhnliches Fettkraut

Wollgras

Gelbe Segge

sich am Nordufer des Sees entlang, am Hang oberhalb folgt feuchter Wald. Am schattigen Südufer schließlich wächst Hochwald.

Die besonderen Pflanzenarten befinden sich vor allem im Ostteil des Gebietes auf dem **strukturreichen Riedgelände**. Das Fleischfarbene Knabenkraut blüht Mitte Mai und ist dann mit seinen purpurrosa Blütenständen sehr auffällig und sehr zahlreich. Die Mehlprimel, eine durch ihre Zartheit lieblich wirkende, rosa blühende Pflanze, ist ein Kennzeichen der Niedermoore. Ebenso das Gewöhnliche Fettkraut, ein rosa blühendes, winziges Pflänzlein. Eindrucksvoll sind deren hellgrüne, dem Boden angepresste Blätter. Mit ihrer Hilfe fängt die "Fleisch fressende" Pflanze Insekten und bessert ihren kargen Mineralienhaushalt im Moor auf. Weiter kommen die Knollige Kratzdistel und die beiden Orchideen Sumpf-Stendelwurz und Wohlriechende Händelwurz in den Feuchtwiesen vor.

Natürlich sind diese Riedflächen ein Eldorado für Sauergräser. Um sie zu entdecken, muss man schon genauer hinschauen. Auffällig ist das Breitblättrige Wollgras. Mit seinen weißen Samenhaaren, die sich am Ende der Stängel befinden, färbt es im Mai ganze Areale weiß. Das Kopfried zählt zwar zu den großen Besonderheiten der Bodensee-Riede, man muss es aber erst gezeigt bekommen. Dann erkennt man, dass die dunkelgrünen Grasbüschel unzählige Köpfchen mit schwarzbraunen Spelzen geschoben haben. Erst recht muss man auf die eigentlichen Sauergräser (Seggen-Arten), die hier in großer Artenzahl anzutreffen und recht häufig sind, aufmerksam gemacht werden. Am auffälligsten und einprägsamsten sind wohl die niedrigen, hellgrünen Gelb-Seggen mit ihren stacheligen Köpfchen. Eine Sauergrasart rührt man am besten nicht an, und wenn es doch passiert, dann erfährt man auch, warum: Die Schneide trägt ihren Namen wegen der messerscharfen Blattränder, an denen man sich schmerzhafte Wunden holen kann, zurecht. Sehr häufig ist auch die Knoten-Binse, die im Winterhalbjahr den nassesten Riedpartien eine dunkle braungrüne Farbe verleiht. Sie ist ein typischer Vertreter der Bodensee-Riede.

Die **Feuchtwiesen** des Mindelsees werden nicht nur gemäht, sondern teilweise auch von Schafen und Ziegen beweidet. Letzteren kann man beim Begehen der östlichen Wiesenlandschaft begegnen. Es sind keine Hochzuchttiere moderner Landwirtschaft, sondern Geschöpfe, die so urig wirken wie die Landschaft um sie herum. Ohne diese Pflege würden die Riedflächen in kurzer Zeit verbuschen, ein Vorwald aus Weiden, Faulbaum, Birken und Kiefern würde sich im feuchten Gelände breit machen.

Die Bewirtschaftung der **Wälder im Naturschutzgebiet** ist eingeschränkt, so dass sie mancherorts einen wilden Eindruck vermitteln. Das gilt insbesondere für Bäume am Südufer, die mit ihren Kronen ins Wasser stürzten und nicht weggeräumt wurden. Die im Wasser liegenden Äste und Zweige sind ideale "Kinderstuben" für Jungfische.

Wer **Wasservögel** auf dem See ausmachen will, sollte ein gutes Fernglas mitführen. Im Winterhalbjahr ist die Vogelbeobachtung wesentlich ergiebiger als im Sommerhalbjahr. Aber Glück muss man haben: manchmal sieht man Hunderte von Reiherenten; dann wieder scheint die Wasseroberfläche frei von Wasservögeln zu sein. Im Sommerhalbjahr ist mit einem Fernglas das künstliche Brutfloß zu sehen. Hier sollen Fluss-Seeschwalben brüten; aber weit häufiger halten sich dort die Lachmöwen mit ihren schokoladedunklen Köpfen auf.

BUND-Naturschutzzentrum

Ziegen beweiden die Riedflächen

Knabenkraut

Mehlprimel

Lachmöven

10

Von Liggeringen zum Bodenwald

Zum Namensgeber des Bodensees

Naturschutzgebiet "Oberöschle" oberhalb von Liggeringen (Stadt Radolfzell) mit Pflanzenarten des Magerrasens und Aussichtspunkten; Bergwald; Gehöft Bodenwald (Bisonherde); großartige Aussichten von der Burgruine Alt-Bodman und dem Wallfahrtsort Frauenberg

Empfohlene Besuchszeit: Ende Sommer

Pkw
K 6167/K 6100 Radolfzell – Liggeringen – Bodman
• zum NSG "Oberöschle: im Ort Liggeringen Parkgelegenheit, weiter zu Fuß;
• zum Bodenwald: ab Liggeringen weiter über die K6100 in Richtung Bodman bis zum Waldrand ca. 1,5 km ab Ortsausfahrt Liggeringen, dort steil aufwärts abbiegen auf den Zufahrtsweg zum Gehöft Bodenwald

Bus
Stadtbus Radolfzell, Linie 6: Radolfzell ZOB – Liggeringen, bis Haltestelle Liggeringen-Dorfmitte: ab hier durch die Bergstraße (s.u.) zum Naturschutzgebiet und Bodenwald

Ziel für Wanderer (Wanderwege)
• Bodensee-Rundweg (blauer Punkt mit Pfeil): Markelfingen – Mindelsee – Liggeringen – Bodenwald – Ruine Alt-Bodman – Bodman. Ab Liggeringen zum Naturschutzgebiet auf dem u.g. Weg ohne Wanderwegmarkierung, oberhalb des Naturschutzgebietes im Wald wieder auf dem Bodensee-Rundweg über Bodenwald zur Ruine Altbodman
• Bodman – Frauenberg – Bodenwald – Ölberg – Schlauchen – Liggeringen (gelbe Raute, blauer Punkt mit Pfeil). Zwischen Bodenwald und Liggeringen auf dem Rückweg der u.g. Rundwanderung

Wegführung (s. Karte S. 61)
Rundwanderung ab Liggeringen durch das Naturschutzgebiet zum Aussichtspunkt auf der höchsten Kuppe des Bodanrücks sowie zum Gehöft Bodenwald; zunächst im Ort Liggeringen ohne Wanderwegmarkierung durch die Bergstraße stets geradeaus bergauf zum Naturschutzgebiet, dann auf steilerem Pfad bis in den Wald hinein zu einem Forstweg (hier alternative Rückkehrmöglichkeit nach Liggeringen auf markiertem Wanderweg); ab hier stets auf markierten Wanderwegen (Wirtschaftswege, meist Forstwege), zunächst aufwärts zum o.g. Aussichtspunkt; ab Bodenwald zurück nach Liggeringen über Ölberg – Schlauchen. Länge insgesamt: ca. 5 km, Höhendifferenz: ca.140 m
Ab Bodenwald auf markierten Wanderwegen zur Ruine Alt-Bodman oder zum Frauenberg (Höhendifferenz: ca. 30 m bzw. 60 m; ca. 0,4 km bzw. 0,8 km einfache Strecke)

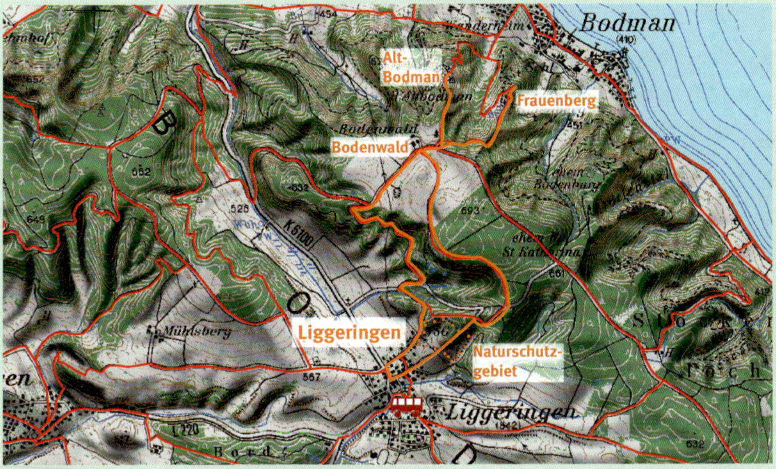

Vom höchsten Punkt des Bodanrücks ergeben sich herrliche Ausblicke (v.l.: West, Süd)

Die Rundwanderung im höchsten Bereich des Bodanrücks führt fast immer über breite Forstwege. Nur das Anfangsstück im Naturschutzgebiet "Oberöschle" ist ein steiler, weitgehend vergraster Weg. In Liggeringen geht es zunächst durch die Bergstraße aufwärts. Sie wird bei den letzten Häusern zum Wirtschaftsweg, der sich schließlich in einem steilen Pfad fortsetzt. Gleich hinter dem Ort durchquert man einen schönen Wiesenhang, der von Wald begrenzt wird. Der obere Teil des Wiesengebietes liegt im **Naturschutzgebiet "Oberöschle"**. Von dort bietet sich dem Betrachter eine herrliche **Aussicht** in die Bodenseelandschaft. Der Blick gleitet über die kleine Kirche von Liggeringen zum hohen Turm des Radolfzeller Münsters am Zeller See. Gut zu sehen ist auch die Halbinsel Mettnau, die fingerartig in den Untersee vorstößt. Hinter dem See bauen sich die bewaldeten Höhenzüge des Schiener Bergs und – am schweizerischen Ufer – des Thurgauer Seerückens auf. Im Winterhalbjahr zeigt sich am Horizont oft die großartige Alpenkulisse.

Die **Wiesen** im Oberöschle haben es in sich: Hier blühen vom Frühjahr bis zum Herbst immer sehenswerte Pflanzen. Erwähnt seien diejenigen Arten, die man vom Wege oder von den Sitzbänken aus sehen kann, denn das Verlassen des Weges ist im

Deutscher Enzian

Großblütige Braunelle

Kalk-Aster

Kartäuser-Nelke

Blutroter Storchschnabel

Gold-Distel

Naturschutzgebiet verboten. Im Frühjahr blüht in großer Zahl der Frühlings-Enzian. Er ist klein und entspricht der landläufigen Vorstellung eines Enzians. Viel auffälliger ist der Deutsche Enzian, eine sehr schöne Blütenpflanze, bei der jedes Exemplar mit vielen violetten Blüten aufwartet. Er blüht erst im September und Oktober, wenn auch die Kalk-Aster an ihren großen violetten Blüten mit gelber Scheibe zu erkennen ist.

Zu den Sommerblühern, die bis in den Herbst hinein noch zu finden sind, zählt die Großblütige Braunelle mit blauen Lippenblüten. So groß und auffällig die Blüten sind, so kurzgewachsen ist die Pflanze selbst. Weiter gibt es das gelbe Sonnenröschen, die purpurrosa Kartäuser-Nelke, die weißen Schirme des Hirschwurzes, die Skabiose, die Golddistel sowie das Doldige Habichtskraut, ein gelber Korbblüter, der erst spät im Jahr blüht. Ein Frühjahrsblüher am Waldrand ist der Blutrote Storchschnabel. Er wächst gern am Rand von Gehölzen oder nicht mehr gemähten Magerwiesen. Den Namen erhielt der Blutrote Storchschnabel von der prächtig roten Herbstfärbung der Blätter.

Der steile Pfad führt dann in den **Wald** hinein und erreicht an einem Forstweg den Bodensee-Rundweg (markierter Wanderweg). Oben auf dem Bergplateau, nahe des höchsten Punktes des Bodanrücks (693 m), kann man den zum breiten Fahrweg parallel verlaufenden Pfad entlang der Oberkante eines Steilabfalles benutzen. So kommt man wieder zu einem **Aussichtspunkt** mit einem herrlichen Ausblick.

Im Wald fallen Herden von Adlerfarn auf – eigentlich einer der häufigsten Farne in Deutschland, aber im Hegau selten oder völlig fehlend. Sehr stattlich und voll mit den schwarzen, giftigen Kirschen sind die vielen Exemplare der Tollkirsche. Am Weg steht im Frühherbst oft das Gewöhnliche Leinkraut. Es ist zwar keine Waldpflanze, kommt aber häufig an Wegesrändern vor. Die gelben Rachenblüten mit dem kräftig orange gefärbten Schlund sind sehr schön. Ehe man den Wald verlässt, präsentieren sich zum Schluss noch auffällige Exemplare der Rotbuche.

Man gelangt anschließend auf eine landwirtschaftlich genutzte Hochfläche, die zunächst nicht viel verspricht, dann aber doch eine Überraschung bereithält: Dort weidet in einer weiten **Wiesenlandschaft** eine Herde **Bisons**. Sie wird vom Hofgut Bodenwald zusammen mit anderen Tieren gehalten, zu denen auch eine Gruppe der recht ungewöhnlich gefärbten Walliser Schwarzhalsziegen gehört. Die Bisonherde lebt schon seit 1970 auf dem Bodenwald. Die urigen und gefährlich aussehenden Kolosse wären in ihrer nordamerikanischen Heimat vor 150 Jahren fast ausgerottet worden, denn weißen Jägern ("Buffalo Bill") machte es Spaß, die "Indianerbüffel" massenhaft (oft auch aus fahrenden Zügen!) abzuknallen. Inzwischen leben in den nordamerikanischen Reservaten wieder etwa eine Viertelmillion Bisons.

Vom Bodenwald empfehlen sich Abstecher zur nahen **Burgruine Alt-Bodman** (von lat. "altus" = hoch) oder zum etwas tiefer gelegenen **Frauenberg** mit der Wallfahrtskapelle. Von beiden Punkten aus hat man einen großartigen Ausblick auf den zu Füßen liegenden Überlinger See und das westliche bis nordöstliche Hinterland. Ca. 200 Höhenmeter unterhalb der Burgruine liegt **Bodman** am Ufer des Sees. Auf den Ort gehen die Namen des Bodenwaldes, Bodanrücks und Bodensees zurück. Er war bereits im 8. und 9. Jahrhundert eine fränkische Königs- und Kaiserpfalz, verlor dann an Bedeutung, wurde aber als solche noch von König Rudolf von Habsburg 1277 an Johann von Bodman verkauft, der die bis heute existierende Familie von Bodman begründete.

Wer im zeitigen Frühjahr die Burgruine besucht und den Wald durchstreift, wird sich freuen, dass die Senken des Waldes schon durchgehend grün sind. Der früh austreibende Bärlauch gehört zu den ersten, die im unbelaubten Wald ergrünen. Erst unter dem geschlossenen Blätterdach der Bäume erscheinen die weißen, sternartigen Blüten.

Bisons auf dem Hofgut Bodenwald

Knorrige Rotbuchenwurzeln

Bärlauch

11

Das Ufer des Untersees bei Radolfzell

Life-Pfad um den Gnadensee

Ufer des Zeller Sees nahe der Radolfzeller Altstadt und Uferstreifen des Gnadensees zwischen dem Beginn der Halbinsel Mettnau und Markelfingen (Markelfinger Winkel)

Empfohlene Besuchszeit: *Ausgangs Winter, Frühjahr*

Pkw
B 33/A 81 Konstanz – Kreuz Hegau; ab Ausfahrt Radolfzell zur Innenstadt, dort ab der Konstanzer Straße über die Günter-Neurohr-Brücke (über die Eisenbahn) bis zum u.g. Mettnau-Sportgelände (Parkmöglichkeiten)

Bus
- Stadtbus Radolfzell, Linie 5: Radolfzell ZOB – Mettnau, bis Haltestelle Krankenhaus; u.g. Lehrpfad in der Nähe der Haltestelle
- Stadtbus Radolfzell, Linie 8: Radolfzell ZOB – Markelfingen, bis Haltestelle Markelfingen-Radolfzeller Straße; zum u.g. Lehrpfad am Bahnhaltepunkt Eisenbahn queren (markierter Wanderweg)

Eisenbahn
- Engen – Singen – Radolfzell – Konstanz (Fahrplan Nr. 720); auf der Seeseite des Bahnhofs Radolfzell auf markiertem Wanderweg zum u.g. Mettnau-Sportgelände oder ab Haltepunkt Markelfingen (nur Nahverkehr) auf die Seeseite der Bahn gehen (markierter Wanderweg)
- Stockach – Radolfzell (Fahrplan Nr. 732); ab Bahnhof Radolfzell s.o.

Schiff
Konstanz – Reichenau – Radolfzell (Fahrplan Nr. 10504; nur im Sommerhalbjahr); vom Hafen auf der Seeseite des Bahnhofs zum u.g. Mettnau-Sportgelände (markierter Wanderweg)

Ziel für Wanderer (markierte Wanderwege)
- Radolfzell – Markelfingen (gelbe Raute); in voller Länge auf dem u.g. Lehrpfad
- Bodensee-Rundweg: Radolfzell – Markelfingen – Allensbach – Konstanz (blauer Punkt mit Pfeil); zwischen Mettnau-Sportgelände in Radolfzell und Ortszentrum Markelfingen auf den o.g. Wanderweg wechseln
- Bodensee-Rundweg: Bodman – Liggeringen – Mindelsee – Markelfingen – Radolfzell (blauer Punkt mit Pfeil); zwischen Markelfingen und Radolfzell auf den o.g. Wanderweg wechseln

Wegleitung **(s. Karte S. 65)**
Uferpromenade südlich des Bahnhofes (Südseite); markierter Lehrpfad ("Life-Pfad Untersee" auf dem Teilabschnitt zwischen Mettnau-Sportgelände und Markelfingen-Naturfreundehaus); Länge ca. 3,5 km

Radolfzell liegt am Ende der beiden Bodenseezipfel **Zeller See** und **Gnadensee** mit dem Markelfinger Winkel. Hier zeigt sich der See noch von einer relativ ursprünglichen Seite; entweder liegt zwischen Land und Wasser ein breiter Kiesstreifen oder Schilfdickichte säumen die Ufer. Stützmauern und andere Verbauungen sind vor einigen Jahren im Rahmen von Renaturierungsmaßnahmen durch die staatliche Wasserwirtschaftsverwaltung entfernt worden, so dass man direkt an das Wasser herantreten kann. Das flache, kiesige Ufer erlaubt, Kontakt zu den Wasservögeln aufzunehmen (Fütterungsverbot!). Besonders im Winterhalbjahr halten sich am Radolfzeller Ufer Hunderte von Bläßrallen, Stockenten, Tafelenten, Reiherenten, Lachmöven und Höckerschwänen auf. Darunter gesellen sich gelegentlich seltene Wintergäste wie Gänsesäger und Sturmmöwen.

Am **Kiesufer** liegen im Winter auch öfter Knäuel von angeschwemmten und absterbenden Armleuchteralgen. Zunächst sind diese wie die lebenden Pflanzen grün, bleichen dann aber immer mehr aus und werden schließlich weiß. Zwischen den Kieselsteinen kann man mancherorts auch Unmengen von Dreikantmuschel-Schalen und von Gehäusen der Gemeinen Schnauzenschnecke finden. Ein Kiesufer besteht also nicht nur aus grauen Kieselsteinen! Geologen können sogar sagen, aus welchen Regionen der Alpen der Rhein oder der eiszeitliche Rheingletscher diese Steine herange-

Blick vom Mettnau-Turm

Kiesufer beim Radolfzeller Bahnhof

Gänsesäger-Weibchen

Stockenten-Weibchen

"Life-Pfad Untersee"

führt hat. Im Winter sind die Kiesufer besonders breit ausgeprägt, weil dann der Wasserstand des Sees ein bis zwei Meter niedriger als zur Sommerzeit liegt.

Weit weniger Menschen, aber dafür mehr Radfahrer (Vorsicht!) sind auf dem Weg am **Markelfinger Winkel** unterwegs, den man von Radolfzell bis zum Ort Markelfingen oder über den Campingplatz hinaus bis zum Naturfreundehaus begehen kann. Der Weg ist breit und gut. Auf der einen Seite befindet sich der Bahndamm; auf der anderen Seite sind dem See die **Riedwiesen** eines Naturschutzgebietes vorgelagert. Die feuchten Flächen werden einmal pro Jahr gemäht. Würden nicht Gelder für die Mahd bereitgestellt, wären diese Gebiete längst verbuscht, die seltene Pflanzenwelt verdrängt und die Weitblicke auf den See längst verschwunden. Früher waren es die Bauern, die solche Feuchtwiesen mähten. Sie erbrachten zwar nur miserables Futter; aber als Einstreu für die Tierställe war das Mähgut geeignet. Derartige, auch Streuwiesen genannte Grasländer warten im Sommer mit einer großen Anzahl von seltenen Pflanzenarten auf, die in unserer intensiv genutzten Landschaft kaum noch Lebensräume haben. Einige schön gestaltete Tafeln des "Life-Pfades Untersee"* informieren über die reiche Natur am Markelfinger Winkel und auf dem Untersee.

Von der Radolfzeller Uferpromenade und vom Uferweg nach Markelfingen hat man immer wieder beeindruckende Weitblicke in die einmalige Bodenseelandschaft – zum Schiener Berg und zur Insel Reichenau sowie an klaren Tagen auf die Alpenkette. Und im Herbst sind die farbenprächtigen Sonnenuntergänge besonders sehenswert.

*http://touren.topin.travel/?id=B10020

12

Die Halbinsel Mettnau

Oase der Ruhe für die Vogelwelt

Äußerer Teil der Halbinsel Mettnau bei Radolfzell (Naturschutzgebiet); zeitweise überflutete Flächen mit Auewald, Röhricht, Streuwiesen; Wasservögel; Vogelbeobachtungsturm; Naturschutzhaus des NABU

Empfohlene Besuchszeit: Anf. September, Herbstbeginn

Pkw
A 81/B 33 Kreuz Hegau – Konstanz; ab Ausfahrt Radolfzell zur Innenstadt, dort ab der Konstanzer Straße über die Günter-Neurohr-Brücke (über die Eisenbahn) zur Mettnau bis zum Strandbad (Parkplätze)

Bus
Stadtbus Radolfzell, Linie 5: ZOB – Mettnau-Strandbad

Eisenbahn
- Offenburg – Singen – Radolfzell – Konstanz (Fahrplan Nr. 720)
- Schaffhausen – Singen – Radolfzell – Friedrichshafen (Fahrplan Nr. 730/731)
- Stockach – Radolfzell (Fahrplan Nr. 732)

Schiff (nur im Sommerhalbjahr)
Konstanz – Radolfzell (Fahrplan Nr. 10504); vom Hafen auf der Seeseite des Bahnhofs über den u.g. Promenadenweg

Ziel für Wanderer (markierte Wanderwege)
- Promenadenweg am Zeller See ab Bahnhof Radolfzell zum Mettnau-Strandbad und weiter zum u.g. Lehrpfad und "Mettnau-Turm" (gelbe Raute); insgesamt knapp 3 km
- Bodensee-Rundweg Allensbach – Radolfzell – Moos (blauer Punkt mit Pfeil); ab Bahnhof Radolfzell (Seeseite) auf dem o.g. Promenadenweg zur Mettnau
- Bodman – Liggeringen – Möggingen – Radolfzell (blauer Punkt mit Pfeil, gelbe Raute); ab Bahnhof s. o.

Wegführung (s. Karte)
Markierter Lehrpfad "Life-Pfad Untersee", Teilabschnitt zwischen Mettnau-Strandbad und Vogelbeobachtungsturm ("Mettnau-Turm"); Fußweg zur Mettnau-Spitze (Zutritt nur zwischen 1. September und 15. April erlaubt); Länge insgesamt: ca. 2,5 km (einfache Richtung) Naturschutzhaus östlich des Scheffelschlössles

Die schmale und nur 1,8 qkm große **Halbinsel Mettnau** streckt sich in unmittelbaren Nähe von Radolfzell fingerartig nach Südosten in den Untersee vor. In ihrer Fortsetzung folgt nach einer geradliniegen See-Strecke von knapp 2,5 Kilometern die Insel Reichenau. Beide zusammen sind Teil eines länglichen Rückens, der den Gnadensee vom Zeller See trennt und in seinem unter Wasser gelegenen Abschnitt nur ca. 2 bis 4 Meter unter dem Seespiegel liegt (größte Tiefe des Gnadensees: über 20 m).

Das Mosaik aus Schilfbuchten, Schlickflächen, Riedwiesen und Auenwald macht die Mettnau zu einem der wertvollsten Lebensräume für die Tier- und Pflanzenwelt am Bodensee; doch nur etwa gut die Hälfte der Halbinsel ist noch naturnah. Neben einem Wohnviertel der Stadt Radolfzell spielen umfangreiche Sportanlagen und die Einrichtungen der Mettnau-Kurklinik ("Heilung durch Bewegung") eine bedeutende Rolle.

Der äußere, naturnahe Teil der Halbinsel hinter dem Vogelbeobachtungsturm, darf nur zwischen 1. September und 15. April betreten werden; sonst ist der einzige Zugang durch ein Tor verschlossen. Deshalb sollte man das äußere Ende der Mettnau möglichst Anfang September besuchen, um noch etwas von der Sommerblüte mitzubekommen.

Am Beginn des Auwaldes befindet sich das **Naturschutzzentrum** des Naturschutzbundes Deutschland (NABU). Dort ist es möglich, sich vor einem Besuch des Schutzgebietes über dessen Besonderheiten kundig machen. Dort ist eine sehenswerte Dauerausstellung eingerichtet. Vor dem Haus gibt es einen kleinen Naturgarten mit Teich. Frösche haben ihn zu ihrem Lebensraum erkoren: so springen Grünfrösche flüchtend in das Wasser; im weiteren Umkreis des Teiches findet man auch Laubfrösche. Doch diese bekommt man kaum einmal zu Gesicht, um so lauter sind ihre Rufe! Den Teich besiedeln Uferpflanzen wie Igelkolben oder der auf sauberes Wasser angewiesene Tannenwedel. Im Hausgarten steht auch eine buschige Staude mit schönen, großen, hellgelben Blüten: der Klebrige Salbei. Er kann sich hier voll entfalten und wartet im September noch mit seinem Blütenflor auf.

Der erste frei zugängliche Abschnitt des **Naturpfades** führt durch den Auwald. Der mag manchem eintönig und "unordentlich" erscheinen. Hier wuchsen einst viele Silber-Pappeln. Ein Baum nach dem anderen wurde morsch, denn hier war für sie nicht

Auenwald

der richtige Standort. Wind und Wetter fällten schließlich die Bäume. Nun setzen sich standortgerechte Gehölze durch, insbesondere Weiden, die durch das Gestrüpp der abgestorbenen Äste ans Licht streben. Die alten Bäume liegen am Boden, vermodern und bieten Lebensraum für holzbewohnende Organismen. Der Weg ist fast durchgehend von Kratzbeeren gesäumt, einem häufigen Auwaldbegleiter. Sie fruchten den ganzen Sommer über, obwohl einzelne Blüten dann immer noch blühen. Die blaubereiften, schmackhaften Früchte ähneln den nah verwandten Brombeeren, zerfallen jedoch beim Pflücken sehr leicht.

Schließlich sieht man links seitlich des Weges den hohen **Mettnauturm**, ein Vogelbeobachtungsturm. Der herrliche Ausblick umfasst die Halbinsel, das gegenüberliegende Ufer mit einem großen Campingplatz bei Markelfingen sowie am westlichen Horizont die markanten Hegauberge. Von oben ist erkennbar, welch große Bereiche der Halbinsel von Streuwiesen eingenommen werden, die sich jetzt durch ihre blasszimtfarbene Färbung abheben. Früher wurden sie landwirtschaftlich genutzt, indem hier Einstreu für die Stallungen geerntet wurde; heute mähen ehrenamtliche Na-

Teich – Ausstellung im NABU-Zentrum

Streuwiesen

Vogelbeobachtungsturm

Blässrallen (Blässhühner)

Stockenten

Pfeifengras

Wohlriechender Lauch

turschützer im Auftrag der staatlichen Naturschutzverwaltung die Flächen, damit die einmalige Streuwiesenflora erhalten bleibt.

Nahe des Mettnauturms befindet sich die einzige kleine **Strandpartie**, die frei zugänglich ist. Auch hier können Wasservögel beobachtet werden. Auf dem langen Weg zur Spitze der Halbinsel ist das nur noch von zwei weiteren Stellen aus möglich. Zunächst fallen die vielen großen, weißen Höckerschwäne auf. Sie beherrschen das Bild. An Zahl aber viel stärker vertreten sind die kleinen, schwarzen Blässrallen, allgemein auch Blässhühner genannt. Ufernah halten sich auch viele Vertreter der bekanntesten Enten-Art, der Stockenten, auf. Sie können nicht tauchen, und sie haben auch keine so langen Hälse wie die Schwäne. Also gilt für sie: "Köpfchen in das Wasser, Schwänzchen in die Höh`", um an Nahrung auf dem Seegrund zu gelangen. Zwischen den Stockenten gibt es zumeist auch einige der wenig auffallenden Schnatterenten. Auffälliger sind die Haubentaucher mit ihren halbwüchsigen Jungtieren.

Ist man durch das Tor gegangen, das vom Frühjahr bis zum Spätsommer verschlossen ist, kommt man zunächst an einer **Streuwiese** mit viel Pfeifengras vorbei. Die Pfeifengraswiesen sind eigentlich recht artenreich, aber nur wenige Arten fallen im September noch auf. Eine Art tut sich besonders hervor. Sie ist mit ihren großen, blauen Blüten besonders schön und auch zahlreich vertreten: der Lungen-Enzian. Der ebenfalls häufige Wohlriechende Lauch blüht zu dieser Jahreszeit nur noch in Einzelexemplaren mit fast kugeligen, weißen Blütenköpfen. Die kleinen, gelben Blütchen mit vier Blütenblättern der bodennahen Blutwurz fallen nur auf, wenn man sich nach ihnen umschaut.

Nach der Streuwiese wandert man dann nur noch durch Röhricht, das sich auf den sehr nassen Uferflächen durchgesetzt hat. Mehr oder weniger hoch ist das Schilfrohr beiderseits des relativ breiten, durch Mahd freigestellten Pfades. Ab und zu kommt man an mächtigen, alten Silberweiden vorbei. Im September zeigen manche Gehölzarten einen herrlichen Fruchtschmuck – allen voran der Gewöhnliche Schneeball, der überladen ist mit leuchtend roten Beeren. Eine gewisse Zeit lang sind auch die Beeren des Faulbaumes, den man im Feuchtgebüsch häufig sieht, rot; die meisten Früchte sind aber jetzt schon schwarz. Rote, auffällige Beeren weist auch noch eine Schlingpflanze auf, der Bittersüße Nachtschatten. Nach blühenden Pflanzen sucht man im September am Rande des Röhrichts vergebens, sieht man von der Wasser-Minze ab, deren blassvioletten Blütenköpfen man oft begegnet.

Schließlich ist der kleine, zum Betreten freigegebene Uferabschnitt an der **Mettnauspitze** erreicht. Der Ausblick ist zusammen mit der hier herrschenden Ruhe besonders reizvoll. Man sieht vor sich die Insel Reichenau mit der doppeltürmigen Kirche St. Peter und Paul in Niederzell, jenseits der Wasserfläche liegt der Thurgauer Seerücken mit seinen zahlreichen Dörfern, Städtchen und Schlössern; linker Hand tritt der Bodanrück in den Blick.

Beim Rückweg kann man einzelne kleine Erdaufschüttungen auf dem Weg beachten. Sie sind nicht schwarzerdig, wie man erwarten würde, sondern weißlich-grau. Das Erdmaterial ist mit Seekreide durchsetzt; oft haben die Klumpen ein kleines Schneckengehäuse als Kern, das von einem Mantel aus Kalk umgeben ist. Hierfür gibt es den schönen Fachausdruck "Schnecklisande".

Blutwurz

Weg durch das Schilf

Faulbaum

Blick auf Niederzell von der Mettnauspitze

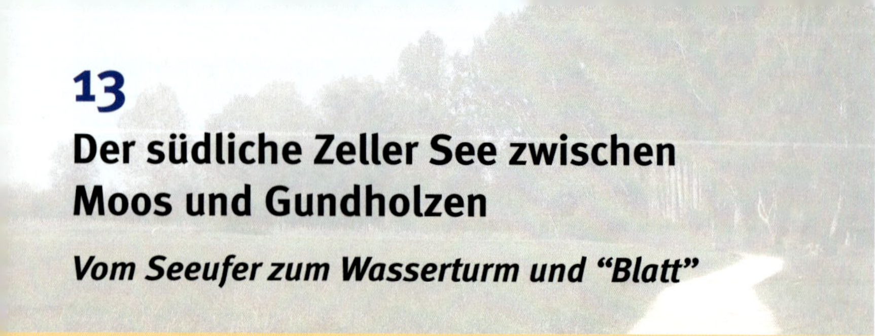

13

Der südliche Zeller See zwischen Moos und Gundholzen

Vom Seeufer zum Wasserturm und "Blatt"

Uferstreifen zwischen den Orten Moos, Iznang und Gundholzen (Gemeinden Moos und Gaienhofen; Naturschutzgebiet); südlich davon Höhenzug des Blatt. Pflanzen- und Tierarten des verschilften Seeufers und der Feuchtgebiete; außergewöhnliche Aussichtspunkte

Empfohlene Besuchszeit: Ausgangs Winter

Pkw
L192 Radolfzell – Stein a.Rh., bis Moos, Iznang oder Gundholzen; Parkplätze in Moos am Bootshafen, in Iznang nahe der Schiffslände, in Gundholzen im Ort, teilweise gebührenpflichtig

Bus
Radolfzell – Gaienhofen – Stein a.Rh. (Fahrplan Nr. 7368), bis Haltestelle Moos-Grüner Baum, Iznang-Höristraße, Gundholzen-Möösle oder Gundholzen-Rathaus; Haltestellen jeweils nahe am u.g. Rundwanderweg

Schiff (nur im Sommerhalbjahr)
Konstanz – Reichenau – Radolfzell (Fahrplan Nr. 10504, nur im Sommerhalbjahr), bis Iznang; Schiffslände nahe am u.g. Rundwanderweg

Ziel für Wanderer (markierte Wanderwege)
• Bodensee-Rundweg: Radolfzell – Horn – Gaienhofen (blauer Punkt mit Pfeil); zwischen Moos und Gundholzen gleichlaufend mit Teilstrecke der u.g. Rundwanderung
• Horn – Iznang (gelbe Raute); gleichlaufend mit Teilstrecke der u.g. Rundwanderung
• Arlen – Worblingen – Bohlingen – Moos (gelbe Raute)

Wegführung (s. Karte S. 73)
Rundwanderung ab Moos (Bootshafen) ausschließlich auf markierten Wanderwegen über Iznang, vorbei am Möösle-Wald bis unterhalb Gundholzen (Lehrpfad "Bodenseepfad" zwischen Moos und Iznang). Rückweg über den Höhenzug des Blatt; hierzu zunächst in den Ort Gundholzen und weiter auf markiertem Wanderweg aufwärts zum Horner Wasserhochbehälter ("Wasserturm"); dann auf der Hügelkuppe des Blatt nach Nordwesten in Richtung Iznang, kurz vor dem Abstieg nach Iznang vorbei an einem Gehöft und dem örtlichen Wasserhochbehälter; ab Iznang auf dem Herweg zurück nach Moos (Abkürzung um ca. 1 km auf Asphaltwegen und ohne Wanderwegmarkierung: Ab der Siedlung am östlichen Ende des Möösle-Waldes hinüber zur Landesstraße, diese queren und aufwärts, nach 250 Meter dem Berghang entlang in Richtung Südosten bis kurz vor den Ortsrand von Gundholzen, dort in einer scharfen Wendung hinauf auf die Hügelkuppe des Blatt); im wesentlichen breite, außerhalb des Uferweges großenteils asphaltierte Wege, für Familienspaziergänge geeignet zwischen Moos und Gundholzen – soweit kein zu dichter Fahrradverkehr; Länge: ca. 11,5 km, Höhendifferenz: 80 m.

Große **Uferstrecken am Untersee** sind schwer zugänglich, sei es wegen der Schilfröhrichte an den flacheren Uferpartien, sei es wegen der vielen abgezäunten Privatgrundstücke. Bei einem Gang von Moos nach Iznang und Gundholzen kann man jedoch den See unmittelbar erleben, obwohl ihn auch hier zumeist Röhrichte säumen. Sie erlauben immer wieder die Sicht auf die Wasserfläche, und am jeseitigen Ufer des Zeller Sees, wie dieser Teil des Untersees heißt, bildet der schlanke Radolfzeller Münsterturm einen schönen Blickfang.

Direkt an die Wasserfläche gelangt man z.B. am Hafen in Moos; in Iznang kann man über den Steg der Schiffslände weit in den See hinausgehen. Beide Orte besitzen große Strandbäder, deren Badewiesen man außerhalb der Saison frei begehen kann. Sie bieten die Gelegenheit, bis ans Kiesufer zu gelangen. Der Badeplatz bei Gundholzen ist ganzjährig frei zugänglich. Außerdem gibt es noch östlich von Moos einen Beobachtungshügel und eine hölzerne Plattform; von beiden kann man über das Röhricht hinweg auf den See schauen.

Im Winterhalbjahr genießen große **Vogelschwärme** die Ruhe, welche ihnen der Mensch zu dieser Zeit lässt. Vom Mooser Hafen, vom Iznanger Uferpark und von den Strandbädern aus kann man die Vögel mit bloßem Auge gut sehen; vom Aussichtshügel und von der Turmplattform aus ist zum besseren Beobachten ein Fernglas empfehlenswert. Höckerschwäne, Blässhühner, Stockenten und Lachmöwen sind die häufigsten Vogelarten, wobei sich die Möwen im Sommer rar machen. Große Schwärme von Reiher- und Tafelenten wählen im Winterhalbjahr die Mooser Bucht als Aufenthaltsort, auch Graureiher und Kormorane sind zu sehen. Etwas abseits dieser Schwärme fühlt sich der prächtige Haubentaucher wohl, und ufernah entdeckt man die schlichten Schnatterenten und Gruppen der kleinen, hübschen Krickenten.

Vogelparadies Zellersee

Blutweiderich

Mädesüß

Graureiher

Zott. Weideröschen

Blick über den Zellersee

Der Weg für Wanderer und Radfahrer zwischen Moos, Iznang und Gundholzen ist breit und befestigt, aber nicht asphaltiert. Hohe, alte Pappeln und Silberweiden begleiten das Röhricht. Auf der dem See abgewandten Seite des Weges wechseln Gemüsefelder mit Wirtschafts- und Nasswiesen. Die ebene, gehölzlose Fläche zwischen Uferweg und Landesstraße wird von vielen Entwässerungsgräben durchzogen, die im Sommer mit den typischen Pflanzen nasser Grabenränder aufwarten: Blutweiderich, Mädesüß, Zottiges Weidenröschen und viele andere.

Zwischen Iznang und Gundholzen stößt man rechts nach etwa einem Kilometer auf den **Mööslewald**. Dort überziehen bereits Mitte März die Märzenbecher große Partien des nassen Waldes mit einem Meer weißer Blüten. In den Wald hinein führen zwar keine Wege (Naturschutzgebiet), aber die Pracht der Märzenbecherblüte sieht man auch vom vorbei führenden Weg aus.

Der Rückweg über den **Höhenzug "Blatt"** ist besonders wegen der zahlreichen Ausblicke auf den Untersee und dessen Hinterland reizvoll. Einmalig ist der Blick vom Horner Wasserhochbehälter ("Wasserturm", siehe Kapitel 14) vorbei am Horner Kirchturm gegen die Insel Reichenau, den Thurgauer Seerücken und auf die Konstanzer Landbrücke.

Man durchquert anschließend Feldfluren mit zahlreichen Obstbäumen sowie einen schönen Laubwald. Biegt man nach der Durchquerung des Waldes nicht nordwärts nach Iznang ab, sondern geht geradeaus ein Stück weit in Richtung Weiler, kommt man zu einem überraschend schönen Blick auf die kulissenhaft aufgereihten Hegauberge, deren Magma-Pfropfen durch die Gletscher der Eiszeiten freigelegt wurden.

14

Wasserhochbehälter und Segete bei Horn

“Wenn ich nicht Großherzog von Baden wäre …”

Herrliche Aussicht von der Horner Kirchhofmauer und dem Wasserhochbehälter Horn (“Wasserturm”) (Gemeinde Gaienhofen); Naturschutzgebiet Segete am Sportgelände, Flora und Fauna eines Feuchtgebietes

Empfohlene Besuchszeit: Sommer-Halbjahr

Pkw

L 192 Radolfzell – Gaienhofen – Stein a.Rh., bis zur Ortsmitte Horn; am Gasthaus “Hirschen” von der Landesstraße abbiegen in die gegenüber einmündende Weiler Straße und weiter bis zum Wasserhochbehälter bzw. Sportgelände außerhalb des Ortes, Parkmöglichkeiten am Wasserturm und Sportplatz

Bus

Radolfzell – Öhningen – Stein a.Rh. (Fahrplan Nr. 7368), bis Haltestelle Horn-Hirschen; weiter s.o. (Wanderwegmarkierung)

Wanderwege

- Horn – Weiler – Iznang, bis zum Wasserhochbehälter (“Wasserturm”) (gelbe Raute)
- Schienen – Langenmoos – Honisheim (grüne Raute auf Gelb) – Balesheim – Wasserturm – Horn/Gundholzen (gelbe Raute); im Naturschutzgebiet gleichlaufend mit Teilstrecke (Gegenrichtung) des u.g. Rundganges

Wegleitung (s. Karte)

Von der Ortsmitte Horn mit Kirche durch die Weiler Straße (markierter Wanderweg) zum Wasserturm; ab hier nur zu Fuß auf einem Wirtschaftsweg zum Naturschutzgebiet und dort rund um das Feuchtgebiet mit See (meist auf markierten Wanderwegen): zunächst ca. 100 Meter auf der Weiler Straße in Richtung Nordwesten, dann auf dem Feldweg am Aussiedlerhof vorbei zum Feuchtgebiet, nach dessen Durchquerung zum Waldrand; diesem nach Südwesten folgen bis zum Sträßchen nach Horn; auf diesem (für Kinderwagen geeigneten Teilstück; kein markierter Wanderweg) zurück zum Sportgelände bzw. zum Wasserturm; direkt südlich neben dem Sportgelände grasiger Stichweg unmittelbar zum See. Länge ab Wasserturm insgesamt: 2,8 km

Goldrute (im Hintergrund Kirche von Horn)

Kleiner Perlmuttfalter auf Goldrute

Naturschutzgebiet "Segete"

Wolfstrapp

Gilbweiderich

Die markante, oberhalb der Hörispitze gelegene Kirche von Horn sieht man von vielen Stellen des Untersee-Gebietes. Auch umgekehrt bietet sich vom Kirchhof hinter der Kirche ein außerordentlich schöner Ausblick, etwa auf den Bodanrück, den Untersee mit der Insel Reichenau und das Schweizer Ufer mit seinen hübschen Orten und den vielen Schlössern am Hang des Thurgauer Seerückens. Dieser Ausblick veranlasste den Großherzog von Baden einst zu seinem legendären Ausruf: "Wenn ich nicht Großherzog von Baden wäre, so wollte ich Pfarrer von Horn sein!"

Noch schöner ist der Blick vom Horner Wasserhochbehälter ("Wasserturm"). Dort oben steht man wie auf einer Kanzel, und der Blick kann in alle vier Himmelsrichtungen schweifen: Im Nordwesten liegt Radolfzell mit seinem alles überragenden Münsterturm; die Stadt liegt direkt an dem nach ihr benannten Seeteil, dem Zeller See. Im Süden erstreckt sich in der Schweiz der Thurgauer Seerücken. In unmittelbarer Nähe um Horn liegt schließlich die liebliche Landschaft der Höri. Der Volksmund erklärt den Namen so, dass der Herrgott am Ende seiner Schöpfungswoche noch einen Klumpen Erde nahm und diesen ans Ende des Bodensees warf und auf alemannisch sagte: "Jetz' hör'i" (jetzt höre ich auf!). Geschichtlich weist der Name darauf hin, dass dieses Gebiet einmal dem Bischof von Konstanz als weltliches Herrschaftsgebiet zuge"höri"g war.

Empfehlenswert ist eine kleine Wanderung auf dem markierten Wanderweg in Richtung Weiler, wo sich nach dem Durchwandern des Waldes und einer weiteren Wegstrecke durch die Feldflur auf dem Hügelrücken des Blatt ziemlich plötzlich einer der schönsten Blicke auf die Hegauberge öffnet.

Südwestlich des Wasserturms liegt ca. 400 m entfernt das Naturschutzgebiet “Segete”. In dem Feuchtgebiet mit seinem versteckt liegenden See findet man viele Wasser liebende Pflanzenarten: Wasser-Minze, Wolfstrapp, Blutweiderich, Hoher Gilbweiderich, Wasserdost, Gelbe Schwertlilie, Zweizahn und Wassermiere. Alles wird aber beherrscht durch eine Grasart: das Rohrglanzgras. Im See bieten im Sommerhalbjahr die hohen Bulte der Steifen Segge, ein sogenanntes Sauergras, einen stimmungsvollen Anblick, wenn sie zu dieser Zeit nicht mehr im Wasser stehen. Der See in der abflusslosen Senke wird aus der Umgebung mit Wasser gespeist; er hat daher einen sehr schwankenden Wasserspiegel.

Ende des Sommers, wenn die meisten Pflanzen bereits verblüht sind, ist die Zeit der Goldrute. Sie wächst meist in größeren Gruppen. Diese aus Nordamerika stammende Pflanze breitet sich besonders auf brachliegenden Flächen oder Störstellen aus, weshalb sie in Naturschutzgebieten nicht gern gesehen ist. Doch die goldgelben Blütenstände sind nicht nur für den Menschen schön anzuschauen. Sie ziehen im Spätsommer, wenn das allgemeine Blütenangebot gering ist, viele Insektenarten magisch an.

Wenn man sich auf dem Rundweg um den See ruhig verhält, wird man vielleicht mit der Beobachtung von Weißstorch und Graureiher belohnt, die in den naturnahen Wiesen der Jagd nachgehen. Der kleine See, der in unmittelbare Nähe des Horner Sportplatzes liegt, schrumpft am Ende des Sommers beinahe zu einer Pfütze. Das kommt den zahlreich hier lebenden Amphibien zugute; denn die Fressfeinde des Laiches und der Kaulquappen, die Fische, können in dem Gewässer, das regelmäßig austrocknet, nicht überleben.

Wasser-Minze

Zweizahn

Gelbe Schwertlilie

Wasserdost

Weißstorch

Grünfrosch

15

Wangen und Kattenhorn am Untersee

Fischerhaus-Museum und Kattenhorner Bühl

Zwei idyllische Höri-Dörfer, die zu Öhningen gehören: in Wangen Museum im Fischerhaus mit Fossilien- und Pfahlbau-Ausstellung; bei Kattenhorn Naturschutzgebiet "Kattenhorner Bühl" und schöne Ausblicke

Empfohlene Besuchszeit: Sommer-Halbjahr

Pkw
L 192 Radolfzell – Moos – Gaienhofen – Öhningen – Stein a.Rh.; am westlichen Ortsende von Wangen auf die seenahe Straße abbiegen; Parkmöglichkeiten beim Fischerhaus. Nach Kattenhorn von der L 192 abbiegen; Parkmöglichkeiten an der Kirche

Bus
Radolfzell – Öhningen – Stein a.Rh. (Fahrplan Nr. 7368), bis Haltestelle Wangen bzw. Kattenhorn; weiter zum Seeufer

Schiff (nur im Sommerhalbjahr)
Konstanz – Reichenau – Schaffhausen (Fahrplan Nr. 10503), bis Wangen

Ziel für Wanderer (markierter Wanderweg)
• Bodensee-Rundweg (blauer Punkt mit Pfeil) führt durch Wangen und Kattenhorn

Wegleitung (s. Karte)
• Das Fischerhaus-Museum liegt am westlichen Ortsrand von Wangen, direkt am See; nach Kattenhorn ca. 1,6 km.
• Rundwanderung durchs NSG "Kattenhorner Bühl": In Kattenhorn bei der evang. Kirche die L 192 überqueren, weiter auf dem Grasweg bis unterhalb der Steilkante, nach rechts weiter in Richtung Aspenhof, vor dem Hof an der Steilkante auf markiertem Wanderweg scharf links ab; nach ca. 1 km in einem Tälchen scharf links abwärts, zurück nach Kattenhorn, Länge 2,8 km.

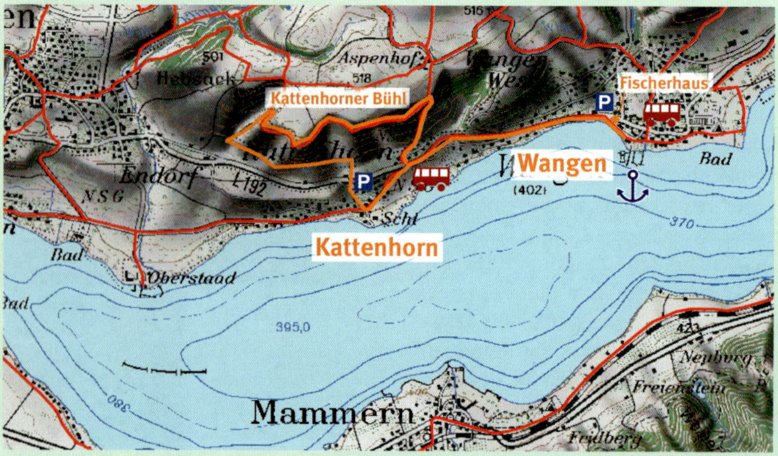

Für alle, die sich besonders für Paläontologie, die Lehre von Lebewesen der Vorzeit, interessieren, ist der Besuch des **Fischerhaus-Museums** in Wangen ein Muss! In fast jedem Buch, das sich mit der Deutung von Fossilien befasst, ist die amüsante Geschichte vom "armen Sünder" zu finden, der angeblich in der Sintflut ertrank und dessen Gebeine in einem Steinbruch bei Öhningen gefunden wurden. Der Zürcher "Sintflut"-Forscher und Arzt Johann Jakob Scheuchzer (1672 – 1733) entdeckte 1726 den fossilen Abdruck und deutete ihn ganz im Stile seiner Zeit als menschliches Skelett aus biblischer Zeit. Erst eine Generation später erkannte der Franzose Georges Cuvier (1769 – 1832) darin das Skelett eines lange ausgestorbenen Riesensalamanders und gab ihm den wissenschaftlichen Namen *Andrias scheuchzeri*. Die Wangener Steinbrüche lieferten fast 200 Jahre lang sehr viele Fossilien und gehörten zu den wichtigsten Fundstätten des Tertiärs in Südwestdeutschland; heute sind sie verschüttet und nicht mehr auffindbar.

Im Fischerhaus-Museum in Wangen ist zwar das Originalfossil des Riesensalamnders nicht zu besichtigen, jedoch ist davon ein schöner Abdruck vorhanden. Die anderen ausgestellten Fossilien hingegen sind prächtige Originale. Bis ins kleinste, filigrane Detail sind Fische und Blätter von Bäumen erhalten. Die Fossilien entstanden vor ca. 13 Millionen Jahren in einem kleinen Maarsee, der sich in einem aufgesprengten Vulkankrater gebildet hatte. Am Seegrund sammelten sich tote Tiere und Pflanzen, die von feinem Kalkschlamm bedeckt wurden und unter Luftabschluss langsam versteinerten. Aus dem Schlamm wurde im Laufe der Jahrmillionen schieferiges Kalkgestein. Etwa ab dem Jahr 1500 ließ das Öhninger Kloster die

feingeschichteten Kalke abbauen – so kamen die Fossilen wieder zum Vorschein.

Neben den Fossilien aus den ehemaligen Wangener Steinbrüchen hat das Museum einen zweiten Schwerpunkt, der ebenfalls in enger Verbindung zu Wangen steht: Exponate aus der Pfahlbau-Zeit, aus der ausgehenden Jungsteinzeit und der Bronzezeit. Pfahlbausiedlungen gab es damals in großer Zahl rund um den Bodensee, die bekanntesten sind sicher diejenigen aus Unteruhldingen. Die Wangener Pfahlbausiedlung wurde in jüngerer Zeit sehr sorgfältig und mit neuesten Methoden erforscht. Bei den Ausgrabungen im Uferbereich fanden sich viele Tongefäße von teilweise beträchtlicher Größe, einfache Geräte und Werkzeuge. Sogar Körner von Ur-Getreide, dem Vorläufer unserer modernen Getreidesorten, haben sich im Seeboden erhalten und sind ausgestellt.

Das Fischerhaus selbst, welches das Museum birgt, ist das älteste Gebäude Wangens. Das hübsche Fachwerkhaus ist denkmalgeschützt und wurde erst 1986 von der ursprünglichen Stelle im Ort an den jetzigen Standort am See versetzt. Auch der **Uferbereich** um das kleine Museum lädt zum Verweilen ein. Die recht breiten Kiesufer sind auf längerer Distanz begehbar und es ergeben immer wieder neue Perspektiven auf das gegen-

Kiesufer in Wangen

Rostgans

Blasius-Kapelle in Kattenhorn

Streuobstwiesen

Buckelwiesen

überliegende Schweizer Ufer. Gelegentlich kann man auch Wasservögel in der Wangener Bucht entdecken. Darunter ist auch die Rostgans, die am See hier heimisch geworden ist; ihre nächsten, natürlichen Brutgebiete liegen in der Türkei und in Marokko.

Unweit von Wangen liegt am See der kleine Ort **Kattenhorn**. Von Wangen aus kann man ihn zu Fuß nur auf dem Weg entlang der Landesstraße (Bodenseerundweg) erreichen. Der idyllische Ortskern besteht aus einigen sehenswerten Fachwerkhäusern, der alten Blasius-Kapelle mit einem Zwiebelhauben-Türmchen und dem Schloss Kattenhorn. Informative, schön gestaltete Tafeln mit historischen Fotos erzählen interessante Geschichten aus der Vergangenheit des Dorfes.

Oberhalb von Kattenhorn – jenseits der Landstraße – befindet sich am Steilaufstieg des Geländes das Naturschutzgebiet **"Kattenhorner Bühl"**. Auf engem Raum kann hier die ganze Vielfalt der Natur am Schiener Berg erleben. Noch ortsnah führt der Weg durch Streuobstwiesen. Sobald das Gelände steiler wird, werden die Wiesenflächen bucklig, ein Zeichen dafür, dass der Untergrund durch Hangrutschungen in Bewegung ist. Am Fuße der Steilstufe zeigen Feuchtwiesen und Quellen, dass Wasser aus dem Untergrund ans Tageslicht tritt. Auf den Sonnenhängen an der Steilstufe befinden sich trockene Wiesen, die extensiv beweidet werden. Alles ist auf engstem Raum eng miteinander verwoben und daher sehr vielfältig. Gehölze durchsetzen die Wiesenflächen und bewirken ein sehr ansprechendes Landschaftsbild.

Im zeitigen Frühjahr erblüht auf dem mageren Weiden und Böschungen die Arznei-Schlüsselblume. Sie hat ein kräftiges Goldgelb als Blütenfarbe und ist dadurch gut von der Wald-Schlüsselblume zu unterscheiden, die cremegelb gefärbte Blüten hat und lieber in Wäldern zu Hause ist. Wie mit den Schlüsselblumen, so ist es auch mit den Veilchen: statt des Wald-Veilchens schmückt das Rauhaarige Veilchen die grasigen Hänge im Frühjahr. Von den rauen Haaren sieht man allerdings kaum etwas, dafür ein Meer schöner, blauer Blüten. Die Kontrastfarbe Gelb zum Blau der Veilchen setzen nicht nur die Arznei-Schlüsselblumen, sondern auch die Kissen des Frühlings-Fingerkrautes und die zahlreichen Horste der Zypressen-Wolfsmilch. In den trockenen Rasen kann man auch die ein oder andere Orchidee entdecken. Darunter ist das Große Zweiblatt, eine eher unscheinbare Pflanze, da sie durchgehend grün gefärbt ist – im Gegensatz zu anderen Orchideenarten, denen ja eine besondere Prächtigkeit nachgesagt wird. In den Quellsümpfen am Kattenhorner Bühl fällt das Kopfried auf, eine binsenähnliche, dunkelgrüne Pflanze, die auf dem feuchten Boden dichte Bestände bildet. Wenn man aber diese Flächen nicht mäht, setzt sich hochwachsendes Schilf durch und verdrängt das Kopfried vom angestammten Platz.

Am Rundweg durch das Naturschutzgebiet steht auch ein Wildbienenstand. In den in großer Auswahl angebotenen Nistmaterialien finden unsere Wildbienen, die im Gegensatz zur "staatenbildenden" Honigbiene ganz allein leben, Platz zur Aufzucht ihres Nachwuchses. Wer sich Zeit lässt und beobachtet, wird den kleinen Insekten bei ihrem emsigen Brutgeschäft im "Bienenhotel" zuschauen können.

Vom Pfad entlang der Steilkante hat man immer wieder eine wunderbare **Sicht** auf den schmalen Arm des Untersees, auf die Orte am Schweizer Ufer (insbesondere Mammern, das Kattenhorn gegenüberliegt) und den Thurgauer Seerücken.

Arznei-Schlüsselblume

Rauhaariges Veilchen

Frühlings-Fingerkraut

Zypressen-Wolfsmilch

Großes Zweiblatt

Bienen-Ragwurz

Wildbienenstand

16

Am Schiener Berg bei Öhningen

Zum Hangried Schrännen und durch die Klingenbachschlucht

Südhang des Schiener Berges bei Öhningen mit einmaligen Aussichten, mit dem Hangried "Schrännen" (besondere Riedflora) und der Klingenbachschlucht (Geologie)

Empfohlene Besuchszeit: Klingenbach-Schlucht: April; Hangried: Mai

Pkw
L 192 Radolfzell – Moos – Gaienhofen – Öhningen – Stein a.Rh. (Höristraße); in Öhningen von der L 192 Richtung Schienen in die L 193 einbiegen; oder L 193 Radolfzell – Moos – Bankholzen – Schienen. Klingenbachschlucht: Parken am Friedhof, Schrännen: oberhalb Öhningen bei der Andachtskapelle parken

Bus
Radolfzell – Öhningen – Stein a.Rh. (Fahrplan Nr. 7368), bis Haltestelle Öhningen-Linde; Kirchbergstraße, über die Schienerstraße zur Straße Döllen (dann s.u. Wegmarkierung)

Ziel für Wanderer (markierter Wanderweg)
- Bodensee-Rundweg (blauer Punkt mit Pfeil) Horn – Gaienhofen – Öhningen, ab Öhningen-Stegen zum Ortszentrum

Wegleitung (s. Karte)
Ausgangspunkt der Wanderung durch die Klingenbachschlucht: Parkplatz unterhalb der Friedhofskapelle (an der Straße von Öhningen nach Schienen, Ortsausgang Öhningen). Von dort geht man die Landesstraße ca. 150 Meter weit hinab und biegt in die erste Straße links ein (Döllen); dann auf dem Fahrweg bis zum Schluchteinstieg. Y-förmig verzweigte Schlucht, Rundwanderung durch verbindenden Feldweg am Ende des jeweiligen Astes möglich. Schrännen: Wanderung auf Graswegen und markierten Wanderwegen durch das Naturschutzgebiet.

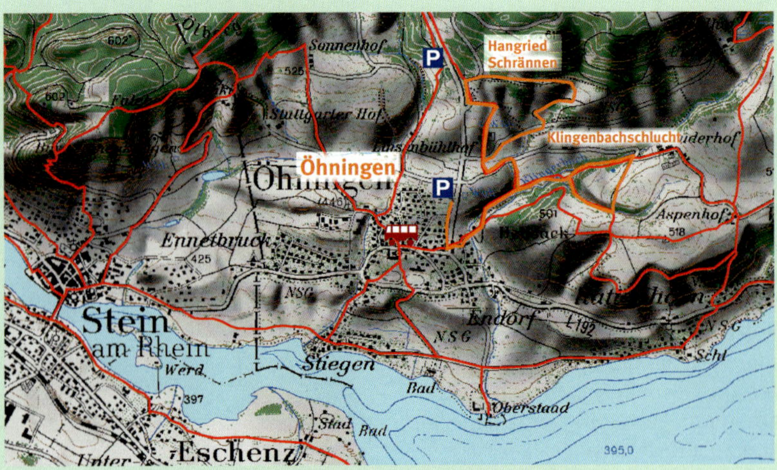

Wanderungen und Spaziergänge durch die Landschaft oberhalb Öhningen gehören zum Schönsten, was der Kreis Konstanz zu bieten hat. Man ist unweigerlich fasziniert von den **Ausblicken** über den Rheinsee hinweg auf den Thurgauer Seerücken. Am Schweizer Ufer liegen die Gemeinden Eschenz und Mammern, um sie herum breitet sich eine harmonische Kulturlandschaft aus. Auf den Höhen zwischen den beiden Orten thronen Schloss Freudenfels und – wenn auch klein, dafür aber besonders auffällig – die Kapelle Klingenzell. Weiter nach Osten hin ist über dem Schweizer Ufer die Ruine Neuenburg zu sehen. Am diesseitigen Ufer liegt Öhningen, dessen Ortsbild geprägt wird vom ehemaligen Augustiner-Chorherren-Stift. Hinter Öhningen ist Stein am Rhein zu sehen. Oberhalb davon sitzt die markante Burg Hohenklingen auf einem Bergsporn des Schiener Bergs – übrigens die einzige Höhenwehranlage des Mittelalters im Hegau, die nicht zerstört wurde, da sie bereits vor dem Schweizerkrieg 1499 zur Eidgenossenschaft gehörte. Das ebenso erhaltene Friedinger Schlössle (Nr. 41) wurde nach Zerstörung wieder aufgebaut.

Oberhalb von Öhningen finden wir eine landschaftliche Besonderheit. Man erreicht sie am besten von der kleinen **Andachtskapelle**, die am Waldrand an der Straße von Öhningen nach Schienen gelegen ist. An vielen Stellen im Südabfall des Schiener Berges tritt Grundwasser zu Tage und mergelig-tonige Schichten verhindern das Einsickern des Regenwassers in tiefere Bodenschichten. Die Folge ist auf weiten Flächen ein vernässtes, nur extensiv nutzbares Wiesengelände – das Naturschutzgebiet **"Hangried Schrännen"**, in dem für Pflanzenfreunde eine erstaunliche Vielfalt vorhanden ist. Durch das Naturschutzgebiet zieht sich ein Grasweg, von dem die besonderen Pflanzen gesehen werden können und den man wegen der empfindlichen Flora auch nicht verlassen darf.

Den Blütenreigen eröffnen Mitte Mai die Mehlprimeln mit ihrer rosa Blütenfarbe, sie sind die typischen Pflanzen der Hegauer Niedermoore. Im Gewirr der Halme fällt dann die kräftige Purpurfarbe des Breitblättriges Knabenkraut auf, eine Moor-Orchidee. Das kundige Auge erkennt die niedrigen Horste des Schwarzen Kopfriedes, das als binsenähnliches Moor-Sauergras am Schiener Berg sehr zahlreich ist, ansonsten wird es in der Roten Liste als stark gefährdet geführt. Seine dunkelgrünen Halme bilden oft größere Bestände. Als "nur" gefährdet eingestuft ist die Spargelschote mit ihren fahlgelben, kleeähnlichen Blüten; das aparte Pflänzchen ist im Hangried Schrännen erfreulich zahlreich vertreten. Unscheinbar ist der Kleine Baldrian mit seinen weißen Blütenköpfen. Immer wieder entdeckt man am Boden auch die kleinen Blüten der Blutwurz, einer Fingerkraut-Art, die im Gegensatz zu den übrigen Mitgliedern dieser Gattung keine fünf, sondern nur vier Blütenblätter besitzt. Ihren Namen erhielt die Pflanze wegen des blutroten Saftes, der bei Verletzung aus der holzigen Wurzel trieft. Groß ist die Zahl der kleinen Seggen-Arten, das sind kleinwüchsige Sauergräser, die man in jedem Moor

Mehlprimel

Breitblättriges Knabenkraut

Schwarzes Kopfried

Spargelschote

Blutwurz

antrifft und die nur schwer zu bestimmen sind.

Zur **Klingenbachschlucht**, einem weiteren lohnenswerten Ziel am Schiener Berg, kommt man am besten von der Öhninger Friedhofskapelle. Ein Besuch der attraktiven Schlucht empfiehlt sich allerdings nur während einer trockenen Witterungsphase. Nach Regen sollte man die Schlucht nur mit gutem Schuhwerk und mit Stöcken begehen, da der schmale Pfad schmierig, glitschig und deshalb gefährlich ist. Dass man die eindrucksvolle Schlucht überhaupt begehen kann, ist dem Schwarzwaldverein Öhningen zu verdanken. Er kümmert sich seit Jahren um die Wege; erst nach einem Besuch der Schlucht weiß man, wie viel Arbeit hier vonnöten war und immer wieder erbracht werden muss: Brücken, Treppen, Bohlenübergänge sind aus Holz und müssen dauernd instand gehalten werden.

Der Klingenbach und seine Zuflüsse sind relativ klein. Dennoch schufen sie eine beeindruckende, mehrere Meter tiefe Schlucht. Die Bächlein haben sich in die Umgebung eingefressen und tun es heute noch – die Erosion ist hier also erlebbar und im Eiltempo am Werk! Am heftigsten geht die Natur bei Starkregen an die Arbeit, wenn aus dem umliegenden Gelände große Wassermassen in die engen, V-förmigen Rinnen stürzen und an den Schluchtwänden nagen. Sie schwemmen aus dem sandigen Stein der Süßwassermolasse Material heraus, danach rutschen überdeckende Erdmassen herab und werden auch fortgeschwemmt. Natürlich reißt das Wasser auch Bäume mit, die danach kreuz und quer in der Schlucht liegen. Die feuchten Stämme beginnen alsbald zu faulen, sichtbar daran, wenn ein Pilz seine Fruchtkörper aus dem morschen Holz treibt. Die Erlen am Bach versuchen dem Schicksal zu entkommen und verankern sich zwar mit reich verzweigten Stelzwurzeln im Boden, doch irgendwann werden auch sie weggerissen.

Die beste Besuchszeit für die Schlucht ist der Monat April. Dann lassen die noch laublosen Bäume das Sonnenlicht bis zum Boden gelangen, wo dann die Krautvegetation eine üppige, dichte Decke kraftstrotzenden Grüns hervorbringt. Allen voran der Bärlauch und die Buschwindröschen. Wer Bärlauchblätter für eine schmackhafte Frühjahrssuppe sammeln möchte, findet jetzt genügend vor. Aber Vorsicht: in den Randzonen der Schlucht wächst auch die Herbstzeitlose. Deren Blätter kommen im Frühjahr genau so zeitig aus dem Boden wie diejenigen des Bärlauchs. Die stiellosen, schmalen Herbstzeitlosen-Blätter sehen zwar im direkten Vergleich mit dem Bärlauchlaub eigentlich ganz anders aus, dennoch kann man sie bei flüchtigen Hinsehen verwechseln. Auf jeden Fall verströmen die Bärlauchblätter einen intensiven Knoblauch-Geruch, das tun die derben Blätter der Herbstzeitlose nicht.

Immer wieder begegnet einem in der wilden Schlucht der dunkelgrüne, unverzweigte Winter-Schachtelhalm in größeren Reinbeständen. Er wächst nur dort, wo Grundwasser durch den Boden rieselt. Je mehr in der Schlucht die weißen Buschwindröschen verblühen, desto mehr schieben sich ihre gelb blühenden Schwestern – das Gelbe Windröschen – in den Vordergrund. Weiß mit einem zarten Hauch von rosa blüht zu dieser Zeit auch der Wald-Sauerklee, der in kleinen Herden am Waldboden wächst. Farblich unauffällig sind Aronstab und Einbeere, deren interessante Blütenstände man erst bei näherem Hinsehen entdeckt. Nicht zu vergessen die zahlreichen Waldveilchen und Wald-Schlüsselblumen. Die Blüten der Wald-Schlüsselblume zeigen ein helles Cremegelb, die des Wald-Veilchens ein schönes Blau.

Wenn die Bäume ihr Blätterdach entfalten, ist es mit dem Blütenzauber in der Schlucht vorbei. Die Waldbodenbewohner ziehen sich zurück und werfen fruchtend die Samen aus, auch der Bärlauch vergeht im Halbdunkel, nicht ohne die Schlucht mit seinem kräftigen Geruch zu füllen. Am Boden ist dann kaum noch eine krautige Pflanze zu finden, nur schwer verrottbares Buchenlaub bedeckt die Schluchthänge.

Klingenbachschlucht, faulendes Holz

Rotrandiger Baumschwamm *Aronstab (Blüte)*

Buschwindröschen

Gelbes Windröschen

Winter-Schachtelhalm

17

Die Insel Werd bei Stein am Rhein

Vogelparadies und Klosterinselchen

Insel Werd im Ausfluss des Rheins aus dem Bodensee; reizvolles Landschaftsbild, Wasservögel im Winter

Empfohlene Besuchszeit: ganzjährig, besonders Winter

Pkw

- Kantonalstraße 12 Schaffhausen – Stein-Burg – Kreuzlingen – Konstanz; ca. 750 m östlich des Verkehrskreisels in Stein-Burg nach Norden abzweigen zur Insel
- L 192 Radolfzell – Öhningen – Stein a.Rh., hist. Rheinbrücke, Südseite s.o.
- L 191/Kantonalstraße Singen – Hemishofen – Hemishofer Rheinbrücke, Südseite s.o.

Bus

- Singen – Stein a.Rh. (Fahrplan Nr. 7349), bis Haltestelle Stein-Schule/Rathaus (zum Besuch der Stadt) oder Bahnhof (zur Wanderung zur Insel Werd)
- Radolfzell – Gaienhofen – Stein a.Rh. (Fahrplan Nr. 7368), dann s.o.

Eisenbahn

Konstanz – Kreuzlingen – Eschenz – Stein a.Rh. – Schaffhausen (deutscher Fahrplan Nr. 730.3); ab Bahnhof Stein zur Rheinbrücke (Südseite); zur Insel Werd auch ab Bhf Eschenz durch den Ortskern nach Nordwesten

Schiff (nur im Sommerhalbjahr)

Konstanz – Reichenau – Stein a.Rh. – Schaffhausen (Fahrplan Nr. 10503); ab Schiffslände Stein direkt zur Rheinbrücke (Südseite)

Ziel für Wanderer (markierte Wanderwege)

- Diessenhofen – Stein a.Rh. – Eschenz – Steckborn (gelbe Raute, blauer Punkt mit Pfeil); zwischen Rheinbrücke (Südseite) und Eschenz Zugang zur Insel Werd
- Bodensee-Rundweg: Gaienhofen – Stein a.Rh. – Eschenz – Steckborn (blauer Punkt mit Pfeil); zwischen Rheinbrücke Stein (Südseite) und und Eschenz Zugang zur Insel Werd

Wegleitung (s. Karte)

Ab der Rheinbrücke in Stein auf dem Südufer stromaufwärts in Richtung Eschenz; nach ca. 800 m (noch vor dem Ortskern Eschenz) über den Inselsteg; einf. Strecke 1,1 km

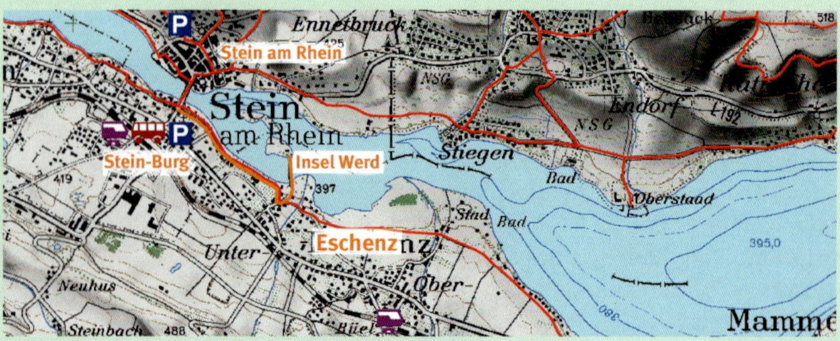

Stein am Rhein ist ein sehr beliebtes Ausflugsziel für alle Bodenseebesucher. Nicht nur die Altstadt mit den berühmten Fassadenmalereien ist besichtigenswert, lohnend ist auch ein Besuch der **Insel Werd** und die Beobachtung der interessanten Wasservogelwelt in ihrer Umgebung.

Man erreicht die Insel Werd von der linksrheinischen Seite und muss dazu die Brücke von der Altstadt aus überqueren. Vom südlichen Ufer des Rheinsees hat man einen überaus malerischen Blick auf die Altstadt und die Burg Hohenklingen, die hinter dem Städtchen auf einem Ausläufer des Schiener Berges thront. Von der Rheinbrücke aus geht man weitgehend ufernah stromaufwärts bis zur Inselbrücke am Rande des thurgauischen Ortes Eschenz. Die Insel Werd gehört zu einer kleinen Inselgruppe, die mitten im Ausfluss des Rheins aus dem Untersee, dem sogenannten Rheinsee, liegen.

Der Ausblick von der langen **Holzbrücke** hinüber nach Werd ist unübertrefflich: der sich zum Rhein verengende See mit reicher naturnaher Ufervegetation (Röhricht in der Wasserwechselzone, Weiden, Pappeln), das Panorama des hübschen Städtchens Stein, dahinter die Rebhänge, die bis zu einem Bergwald hochreichen, aus dem die stolze und voll intakte Burg Hohenklingen herausragt.

Auf der kleinen Insel selbst steht nur ein Klostergebäude mit Kapelle und Klostergarten. Die beiden anderen Inselchen sind hingegen unbewohnt und als Vogelschutzgebiet nicht zugänglich. Auf der Insel Werd starb im Jahr 759 der gefangen gehaltene Abt Ottmar, der um 720 das Kloster St. Gallen gegründet hatte.

Bei Niedrigwasser im Untersee fallen die trocken liegenden Sandbänke auf. Die Zeiten relativ niedriger Wasserstände nehmen offenbar zu, nicht zuletzt, weil im Frühsommer weniger Schmelzwasser als früher aus den Alpen zufließt. Wegen der zunehmenden Witterungsextreme infolge der Klimaerwärmung stellen sich neben den bisherigen winterlichen Niedrigwasserständen immer wieder auch

Blick von der Insel Werd auf Stein am Rhein

Niedrigwasser bei der Insel Werd

Eingang zum ehem. Kloster St. Georg/Stein

Schellenten-Männchen

solche im Sommerhalbjahr ein, wenn sich hohe Lufttemperaturen mit lang anhaltender Trockenheit verbinden. Auf normalerweise wasserbedeckten Flächen erstrecken sich dann weite Sandbänke, und man kann ohne Brückenbenutzung zu Fuß auf die Insel Werd gelangen. Der Klimawandel verändert so die Ufer des Bodensees.

Im Winterhalbjahr hält sich eine erstaunlich große Zahl von **Wasservögeln** im Umfeld der Insel Werd und auf dem Rhein auf. Es sind fast alles Gäste aus fernen, nördlichen oder östlichen Ländern. Außer den Hunderten oder Tausenden Blässrallen, Reiher- und Tafelenten kann man auch Arten sehen, die ansonsten am Bodensee eher selten sind. Hier ist insbesondere die Schellente zu nennen, deren Männchen ein prächtiges schwarz-weißes Gefieder aufweisen; ihr sicheres Erkennungszeichen ist der große weiße Fleck am Schnabelgrund. Die kleinen Zwergtaucher halten sich hier in einer solch großen Anzahl auf, dass man nicht glauben kann, dass ihre Bestände stark rückläufig sind. Sie tragen im Winter ihr Schlichtkleid. Kaum hat man den Blick auf so ein kleines Kerlchen fixiert, ist es schon weggetaucht!

Auf den Sandbänken in den Buchten sammeln sich gelegentlich viele Graureiher und Kormorane. Der Vollständigkeit wegen seien die Höckerschwäne, Lachmöwen und Stockenten erwähnt; sie sind im Winterhalbjahr überall am Bodensee gegenwärtig.

Dagegen ist der Wasservogel-Bestand im Sommerhalbjahr gering. Doch sieht man dann mitunter kleine Wasservögel mit rotem Kopf: es sind die Jungen der Blässrallen, die ihren Eltern überhaupt nicht gleichen.

18

Hochrhein zwischen Stein und Schaffhausen

Unberührte Flusslandschaft, Klosterperlenkette und Biberparadies

Idyllische Flusslandschaft mit teilweise sehr naturnahen Abschnitten; malerische Stadtansichten und alte Klosteranlagen; am Rheinufer Wasservögel, Biber und im Staffelwald Frühlingsflora mit großer Vielfalt

Empfohlene Besuchszeit: April und Mai

Pkw
- Kantonalstraße 12 Konstanz – Kreuzlingen – Stein-Burg – Schaffhausen
- L 191/Kantonalstraße Singen – Hemishofen – Hemishofer Rheinbrücke, weiter s.o.
- B 34/K 6148/L 190/L 202 Singen – Gottmadingen – Gailingen – Diessenhofen/Büsingen
- A 81/B 34/N 15/N 4 Autobahnkreuz Hegau – Autobahnende Bietingen – Schaffhausen

Bus
- Singen – Rielasingen – Stein a.Rh. (Fahrplan Nr. 7349)
- Singen – Gailingen – Büsingen (Fahrplan Nr. 7351)
- Regionale Verkehrsbetr. SH, Linie 55: Schaffhausen (SH) – Büsingen – Gailingen – Ramsen

Schiff (nur im Sommerhalbjahr)
Konstanz – Kreuzlingen – Stein a.Rh. – Diessenhofen – Büsingen – SH (Fahrplan Nr. 10503)

Eisenbahn
Konstanz – Kreuzlingen – Stein a.Rh. – Schaffhausen (deutsche Fahrplan Nr. 730.3)

Ziele für Wanderer (markierte Wanderwege)
- SH – Büsingen – Gailingen – Staffelwald – Bibermüli – Hemishofen – Stein (gelbe Raute)
- Schaffhausen – Diessenhofen – Stein a.Rh.(gelbe Raute)

Verbindung der beiden Wanderwege über die Brücke Gailingen/Diessenhofen

Wegführung (s. Karte)
Für Streckenwanderungen zwischen Stein und Schaffhausen stehen die Wanderwege des Schwarzwaldvereins und der Schweizerischen Arbeitsgemeinschaft für Wanderwege zur Verfügung. Wander- und Radwege gibt es durchgehend auf dem nördlichen und südlichen Rheinufer. Für Rundwanderungen und Spaziergänge im Staffelwald können die dortigen markierten Wander- und Radwege benutzt werden. Ausweis erforderlich wegen häufigem Wechsel über die deutsch-schweizerische Grenze.

Der **Hochrhein** durchfließt zwischen Stein a.Rh. und Schaffhausen eine außergewöhnlich idyllische, harmonische Landschaft. Er hat sich in seine eigene, während der letzten Eiszeit aufgeschüttete Schotterfläche, die sog. Niederterrasse, bis zu 40 Meter tief eingegraben und windet sich jetzt durch ein oft enges Tal mit Steilhängen. Bei Stein, Gailingen und Schaffhausen werden südexponierte Lagen als Weinberge genutzt.

Die Gunst der naturräumlichen Lage hat vor rund 1000 Jahren, da klösterliches und kulturelles Leben eng verbunden waren, an diesem Rheinabschnitt zu einer "**Klosterperlenkette**" geführt. Sie beginnt im Osten mit dem Augustiner-Chorherren-Stift Öhningen, führt dann über die Klosterinsel Werd, das Kloster St. Georg in Stein a.Rh., die Probstei Wagenhausen, das Kloster St. Katharinental bei Diessenhofen, das Kloster Paradies gegenüber Büsingen bis zum Kloster Allerheiligen in Schaffhausen. Alle Klöster sind inzwischen aufgehoben.

Stein am Rhein, Schaffhausen und Diessenhofen zählen zu den schweizerischen Städten mit sehr schönen historischen Stadtbildern. Die gedeckte Rheinbrücke Diessenhofen – Gailingen geht auf das Jahr 1291 zurück. Über Stein thront die hochmittelalterliche Burg Hohenklingen der ehemaligen Herren von Klingen, die erst kürzlich hervorragend restauriert wurde. Über Schaffhausen erhebt sich die frühneuzeitliche Stadtfestung Munot. Beide Befestigungen sind unzerstört geblieben, da die Schweiz seit dem "Schwabenkrieg" 1499 nicht mehr aktiv an Kriegshandlungen beteiligt war.

Der Rhein bildet nicht überall die deutsch-schweizerische Grenze; diese springt mit den Zipfeln von Stein und Schaffhausen über das nördliche Ufer hinaus. Die Stadt Schaffhausen errang in den Jahrhunderten vor der napoleonischen Zeit die Herrschaft über die Orte ihres Umlandes. Mit Büsingen gelang das nicht, so blieb der Ort bis heute die einzige Exklave Deutschlands, ganz von der Schweiz umschlossen, der sie auch wirtschaftlich angehört. Sie erhielt das eigene Autokennzeichen "BÜS" – das seltenste in ganz Deutschland.

Das **Hochrheintal** zwischen Stein und Schaffhausen kann man auf dem Schiff, per Fahrrad und zu Fuß erleben. Vom Schiff aus bekommt man den besten Eindruck von der besonderen Stimmung der Landschaft mit

Diessenhofen/CH mit gedeckter Rheinbrücke

dem gewundenen Rhein im engen Tal, den waldreichen oder rebenbestandenen Steilhängen und den malerischen Siedlungen. Im und am Wasser sind Vögel verschiedener Arten zu sehen. Bekannt sind insbesondere die Fischreiher mit ihren Horsten auf den Waldbäumen am Ufer.

Bevor man von Stein kommend in die Talenge ab Rheinklingen hineinfährt, kommt man an der **Bibermüli** am Nordufer vorbei. Die ehemalige Mühle steht direkt neben der Mündung des Flüsschens Biber in den Rhein, wo es seit wenigen Jahren tatsächlich wieder Biber gibt, die hier bereits mächtige Silberweiden zu Fall gebracht haben. Die Tiere sind von Seen des Thurgaus zugewandert.

Auch in der **Pflanzenwelt** bietet dieser Hochrhein-Abschnitt Besonderheiten: Auf den Kiesbänken des Rheins ist das Lauch-Hellerkraut zu finden, eine Pflanzenart, die in Deutschland nur hier vorkommt. Sie ist keine besonders attraktive Pflanze, sondern ein Kraut, das man auf den ersten Blick für Hirtentäschel hält und die hier in großen Mengen wächst.

Wandert oder radelt man zwischen der Bibermüli und Obergailingen über dem nördlichen Steilufer des Rheins durch den **Staffelwald**, durch den die deutsch-schweizer Grenze verläuft,

Spuren wieder angesiedelter Biber

Lauch-Hellerkraut

Freier Badeplatz am Rhein östlich Gailingen

Buschwindröschen

Frühlings-Platterbse

Schattenblümchen

Ährige Teufelskralle

Einbeere

Zauneidechse

kann man im Frühjahr zahlreiche Frühlingsblüher sehen. In großen Mengen strahlen die weißen Blütensterne des Buschwindröschens, daneben gibt es die Frühlings-Platterbse und das Dunkle Lungenkraut. Bei beiden Arten tragen die aufblühenden Blüten andere Farben als die abblühenden. Interessant ist die Blüte der Einbeere. Weil sie im Frühjahr nur eine einzige Blüte hervorbringt, hat sie im Sommer auch nur eine Beere, die über vier Blättern thront. Die ist zwar nicht auffällig, dafür aber recht hübsch. Etwas auffälliger sind die hängenden, weißgrünen Glöckchen der Vielblütigen Weißwurz, auch wenn man sie unter den abschirmenden Blättern erst suchen muss. Maiglöckchen und Schattenblümchen sind verwandt, ersteres kennt wohl jedes Kind und letzteres führt im wörtlichen Sinne ein Schattendasein. Leider nur sehr kurz blüht die Ährige Teufelskralle. Man muss den Blütenstand in Form einer Ähre mit den vielen cremeweißen Blütchen aus der Nähe sehen, um die Schönheit richtig zu erkennen. Dabei ist keine Spur Teuflisches auszumachen. Erwähnt sei noch eine Pflanzenart, die niemand als Blütenpflanze ansprechen würde, die aber seitlich des Weges massenhaft wächst: die Süße Wolfsmilch.

Im Frühjahr hört man den melodischen Ruf des Pirols hoch aus den Kronen der Bäume. Den exotischen Vogel kennen sehr viele von Abbildungen her, aber wer hat ihn schon einmal tatsächlich gesehen? Anders ist es bei der Zauneidechse. Sie kann man dann, wenn die Tiere sich sonnen, ganz aus der Nähe betrachten. Man muss allerdings sehr vorsichtig herangehen. An den Steilufern des Hochrheins findet man sie immer, wenn sie sich in den Sonnenstrahlen aufwärmen.

19

Der Gailinger Panoramaweg

Alpen in der Ferne, Artenreichtum in der Nähe

Südhang des Rauhenberges bei Gailingen; Spazierweg am Waldrand; bei klarem Wetter Fernblick ins Schweizer Mittelland und zu den Alpen; Rundwanderung mit Pflanzenarten des Waldrandes, in Magerrasenflächen und Feuchtgebieten; Naturschutzgebiet; jüdischer Friedhof; Aussichtsturm "Bürgli-Schloss"

Empfohlene Besuchszeit: Ausgangs Frühling bis Sommerbeginn

Pkw
K 6148/L 190 Gottmadingen – Gailingen – Diessenhofen; bis zum Parkplatz "Jüdischer Friedhof – Aussichtspunkt" vor dem nordwestlichen Ortsrand Gailingen

Bus
Singen – Gailingen – Büsingen (Fahrplan Nr. 7351), bis Haltestelle Gailingen-Altersheim; dann auf der Landesstraße aufwärts zum jüdischen Friedhof

Schiff (nur im Sommerhalbjahr)
Konstanz – Stein a.Rh. – Schaffhausen (Fahrplan Nr. 10503), bis Diessenhofen

Ziel für Wanderer (markierte Wanderwege)
- Schaffhausen – Dörflingen – Rauhenberg – Ramsen – Worblingen (gelbe Raute); ab 200 m östlich der d.-schw. Grenze bei Dörflingen gleichlaufend mit "Panoramaweg"
- Gottmadingen – Randegg – Rauhenberg – Gailingen – Diessenhofen (gelbe Raute); auf dem Rauhenberg (bei den Schmieder-Kliniken) abbiegen auf den o.g. Wanderweg (gelbe Raute) in Richtung Dörflingen zum Bürgli-Schloss und abwärts zum "Panoramaweg"

Wegführung (s. Karte)
- "Panoramaweg" entlang des Waldrandes am nordwestlichen Ortsrand von Gailingen; Spazierweg mit Sitzbänken; Ausgangspunkt: jüdischer Friedhof (Parkplatz); nach Überquerung der Landesstraße (Vorsicht!) auf den Weg, der in der Straßeninnenkurve nach Westen abzweigt (markierter Wanderweg). Länge: ca. 1 km, Höhendifferenz: 10 m.
- Rundwanderung als alternativer Rückweg vorwiegend auf markierten Wanderwegen, Wirtschaftswegen, Straßen: Auf dem "Panoramaweg" ca. 800 m nach dem jüdischen Friedhof über den Feldweg abwärts zum Aussiedlerhof; nach wenigen Metern auf der Kreisstraße auf dem links abzweigenden Sträßchen direkt in den Ort Gailingen. Länge einschl. Panoramaweg: ca. 2,8 km, Höhendifferenz: 60 m;
- Bürgli-Schloss (Aussichtsturm): Vom jüdischen Friedhof aufwärts über den in der Straßenaußenkurve beginnenden Pfad. Höhendifferenz: ca. 80 m.

Pfirsichblättrige Glockenblume

Wolliger Schneeball (fruchtend)

Roter Hartriegel

Liguster

Weißdorn

Wild-Rose am Waldboden

Gailingen liegt wie auf einer Sonnenterrasse am Hochrhein. Nördlich des Ortes erhebt sich der langgestreckte Rauhenberg; westlich, südlich und östlich ist der Ort von der Schweiz umschlossen.

Der **Panoramaweg** führt nordwestlich des Ortes Gailingen am südlichen Waldrand des Rauhenbergs entlang. Ausgangspunkt auch für die anschließende Rundwanderung ist der Parkplatz am jüdischen Friedhof. Vom breiten, schönen Spazierweg kann man bei guter Wetterlage den Weitblick in das schweizerische Alpenvorland (sog. “Mittelland”) genießen. Bei klarer Fernsicht, vor allem an Föhntagen, erscheint im Süden klar sichtbar die lange Kette der Alpen. Auch der Turm auf dem nahen **Bürgli-Schloss** bietet eine ähnlich schöne Aussicht. Vom “Schloss” selbst (Reste einer Burg, erbaut um 1278 durch die Herren von Gailingen) geben nur einige Gräben und Wälle Zeugnis.

Die **Böschung des Panoramawegs** zum Wald hin ist zwar schmal, aber dank der sonnenzugewandten (südexponierten) Ausrichtung sehr artenreich. Im Schutz des nicht bewirtschafteten Waldrandes gedeihen viele Pflanzen, die auf Wiesen nicht vorkommen, weil sie dort das regelmäßige Mähen nicht vertragen. Andererseits dringen sie nicht in den Wald vor, da sie den Schatten meiden. Darum findet man entlang des Weges eine bunte Gemeinschaft sehenswerter Blumen, die erst im Sommer zur richtigen Entfaltung kommt. Erwähnt seien die Pfirsichblättrige Glockenblume, die Kartäusernelke mit ihren auffällig pinkrot schimmernden Blüten und der Edel-Gamander, ein wintergrüner Zwergstrauch.

Eine besondere Aufmerksamkeit sollte man auch den Gehölzen – meist Sträucher – des Waldrandes schenken. Der Reichtum an verschiedenen

Arten ist außergewöhnlich. Am Panoramaweg findet sich all das zusammen, was der Hegau und die Bodensee-Region zu bieten haben: Feld-Ahorn, Wolliger Schneeball, Roter Hartriegel, Hasel, Liguster, Weißdorn, Rote Heckenkirsche, Brombeere (davon mehrere, schwer zu unterscheidende Unterarten), Kratzbeere, verschiedene Wildrosen-Arten (darunter besonders die Kriechende Rose), Schlehe und Berberitze. Dazu gesellen sich auch einige junge Bäume von Rotbuche, Esche, Eiche und Hainbuche, die den Sträuchern den Platz streitig machen. Zwei Straucharten im Waldmantel auf dem den Feldern zugewandten linken Teil des Hanges seien besonders hervorgehoben: Die Filzige Zwergmispel mit kleinen, blutroten Früchten und der Schwarzwerdende Geißklee. Während die Zwergmispel eher unscheinbar blüht, entfaltet im Sommer der Geisklee seine auffallenden gelben Blütentrauben. Beide Arten sind eher selten und meist beschränkt auf sehr warme und trockene Waldränder.

Auch ein Blick in den **Hochwald** hinein lohnt sich: Im Dämmerlicht wächst in größeren Herden eine grasartige wintergrüne Seggen-Art, die Wimper-Segge. Dieses Sauergras ist gut erkennbar an den nach drei (!) Seiten abstehenden Blättern. Wenn man von oben auf die Pflanze schaut, ähnelt sie einem Mercedesstern. Es ist im westlichen Bodensee-Gebiet stark verbreitet, außerhalb dieses Areals aber fast unbekannt.

Am Ende des Panoramaweges kann man kehrt machen und auf demselben Weg zum Ausgangspunkt zurückkehren. Oder man begibt sich auf einem **Rundweg** zurück nach Gailingen. Nimmt man diese Alternative hangabwärts zum Aussiedlerhof, findet man auf der Strecke durch die Feldflur eine Magerwiese. Sie fällt besonders

Brombeere

Kratzbeere

Berberitze

Schlehe

Filzige Zwergmispel

Schwarzwerdender Geißklee

Acker-Witwenblume

Wiesen-Labkraut

Kleine Pimpinelle

Esparsette

Wiesen-Salbei

Rot-Klee

durch ihren Blütenreichtum auf, den sie bereits im Mai und Juni vor der Heuernte am besten entfaltet. Wiesen-Flockenblume, Acker-Witwenblume, Wiesen-Labkraut, Margerite, Mittlerer Wegerich, Kleine Pimpinelle, Großer Klappertopf, Wiesen-Pippau, Rot-Klee und Hornklee sind zu entdecken. Wiesen-Salbei und die Futter-Esparsette deuten darauf hin, dass es sich um eine recht trockene Wiese handelt.

Früher waren derart vielfältige Wiesen die Regel. Heute sind sie beinahe zur Rarität geworden, denn die moderne Landwirtschaft nutzt das Grünland sehr intensiv, düngt und mäht es mehrmals. Viele Pflanzenarten können auf derart bewirtschafteten Wiesen nicht wachsen. Solche Intensiv-Flächen befinden sich auch im weiteren Verlauf des Weges. Sie weisen im Frühjahr viel Löwenzahn oder Scharfen Hahnenfuß auf. Ansonsten ist es mit der Artenvielfalt nicht weit her.

Im relativ ebenen Gelände auf dem Weg zurück (Sträßchen) nach Gailingen tritt am Fuße des Rauhenberges an vielen Stellen Hangwasser aus; Hangsümpfe und feuchte Wiesen zeugen davon. Häufigste Pflanzen in dem Feuchtgebiet sind neben dem Schilf Wasserdost, Mädesüß, Zottiges und Bach-Weidenröschen. Diese attraktiven Hochstauden kommen erst im Sommer richtig zur Blüte. Sie sind bei Insekten sehr begehrt, wenn auf den umliegenden Wiesen dann das Nektarangebot fehlt. So schwirrt an heißen Tagen eine eifrige Insektenwelt über das Blütenmeer. Auffallendste Pflanze im Hochsommer ist der Blutweiderich mit seinen leuchtend pinkfarbenen Blütenkerzen. Ebenfalls spät blüht das Ruhr-Flohkraut mit gelben Körbchenblumen, das man früher sogar als Heilpflanze nutzte. Im Gewirr der Halme und Stängel versteckt sich gelegentlich die Sumpf-Stendelwurz, eine der wenigen Orchideen, die auf Quellsümpfe spezialisiert sind. Natürlich wachsen im morastigen Grund auch verschiedene hohe Seggen- und Binsen-Arten, die für solche Feuchtgebiete besonders typisch sind.

Der außergewöhnliche Artenreichtum entlang des Panoramaweges hat auch dazu geführt, dass die Hänge des Rauhenberges als Naturschutzgebiet ausgewiesen wurden. Bitte bleiben Sie daher auf den Wegen!

Gailingen am Hochrhein war eine bedeutsame Gemeinde des badischen Landjudentums. Ende des 19. Jahrhunderts war die Anzahl jüdischer Einwohner zeitweise größer als die der christlichen. Im Jahre 1870 kam es hier erstmals zur Wahl eines jüdischen Bürgermeisters im Deutschen Reich. Das friedliche Nebeneinander von Christen und Juden fand in der Zeit des Nationalsozialismus und im Holocaust ein jähes Ende. Nach dem Ende des Zweiten Weltkrieges wurde die jüdische Gemeinde nicht wieder belebt, und es verblieben nur der Jüdische Friedhof und Überreste mildtätiger Einrichtungen.

Nicht nur aus geschichtlichen, sondern auch aus botanischen Gründen lohnt sich ein Abstecher in den jüdischen Friedhof. Dort werden die ungedüngten Grasflächen von der Ortsgruppe des BUND einmal im Jahr gemäht. Die Folge der guten Pflege ist ein beeindruckender Blütenreichtum der mageren Wiese zwischen den alten, großenteils wieder in einen einwandfreien Zustand versetzten Grabsteinen und -monumenten. Als sehenswerte Besonderheit wächst dort in vielen Exemplaren die Bocks-Riemenzunge, wohl unsere stattlichste Orchidee neben dem Frauenschuh.

Jüdischer Friedhof Gailingen

Bach-Weidenröschen

Bocks-Riemenzunge

Blutweiderich

Bitte beachten Sie, dass männliche Besucher den Friedhof nur mit Kopfbedeckung betreten dürfen und am Schabbath (Samstag) kein Besuch möglich ist.

20

Schaffhausen – Altstadt, Museen und Rheinfall

Wo der Rhein sein altes Bett sucht

Museen mit naturkundlichem Bezug, Klostergarten und Alpensegler in der Altstadt; Festung Munot mit Aussicht auf Stadt und Landschaft; Rheinfall bei Neuhausen

Empfohlene Besuchszeit: ganzjährig

Pkw

• A 81/B 34/N 4 Autobahnkreuz Hegau – Gottmadingen – Schaffhausen – Zürich; Parkmöglichkeiten am Rand der Altstadt von Schaffhausen

• Zum Rheinfall: Nach Neuhausen (rechtsrheinisch) oder Schloss Laufen (linksrheinisch); gebührenpflichtige Parkplätze

Eisenbahn

Singen – Schaffhausen – Neuhausen – Waldshut/Zürich (Fahrplan Nr. 730/730.1/730.2); in Schaffhausen quer durch die Altstadt; Haltepunkte Neuhausen (Strecke Schaffhausen – Basel/Zürich) oder Schloss Laufen (Strecke Schaffhausen – Winterthur) nur Nahverkehr

Schiff (nur im Sommerhalbjahr)

Kreuzlingen – Konstanz – Stein a.Rh. – Schaffhausen (Fahrplan Nr. 10503)

Ziel für Wanderer (markierte Wanderwege)

• Stein a. Rh. – Diessenhofen/Gailingen – Schaffhausen (gelbe Raute)

• Ostweg Pforzheim – Schaffhausen (rot-schwarze Raute): Stühlingen – Schlossranden – SH

Zum Rheinfall:

• Schaffhausen – Neuhausen (Rheinfall) – Rheinau (gelbe Raute)

• Schaffhausen – Feuerthalen – Schloss Laufen (Rheinfall) – Rheinau (gelbe Raute)

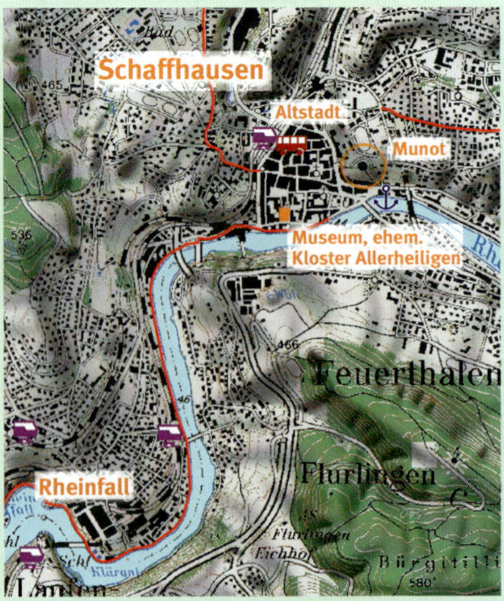

Wegführung (s. Karte)

• Museum zu Allerheiligen (Öffnungszeiten Di – So 11 – 17 Uhr; Neujahr, Karfreitag, 1. Weihnachtstag geschlossen)

• Klostergarten: beim Münster in der Altstadt;

• Stemmler Museum: in der Altstadt, Sporrengasse 7; Öffnungszeit: So 11 – 17 Uhr

• Munot: oberhalb der Rheinbrücke

• Rheinfall: bei Neuhausen, ca. 3 km südwestlich Schaffhausen

Das **Museum zu Allerheiligen**, das in den historischen Gebäuden des ehemaligen Benediktinerklosters (gestiftet durch den Hegau-Grafen Eberhard III. von Nellenburg 1049, aufgehoben in der Reformation 1529) untergebracht ist, präsentiert eine große Zahl von Themenbereichen in mehreren Abteilungen. Der naturkundliche Teil ist wie alle anderen von hervorragender Qualität und einen Besuch wert. Aus der Erdgeschichte werden neben den wichtigsten Gesteinsarten und Fossilien mehrere Fundstätten der näheren und weiteren Umgebung vorgestellt. Dabei geht es nicht nur um schweizerische Örtlichkeiten und Landschaften, sondern auch um einige aus der deutschen Nachbarschaft. Als Beispiele seien der "Maarsee bei Öhningen", "Hegau-Vulkanismus" und die "Ausbildung des Oberrheingrabens" genannt. Dargestellt wird auch das Leben und Wirtschaften des Menschen in der Natur in prähistorischer und historischer Zeit.

Der **Klostergarten** direkt beim Münster ist eine Rekonstruktion eines mittelalterlichen Heil- und Gewürzgärtleins. Er bietet eine große Auswahl an Pflanzen, die alle ausgeschildert sind. Sogar im Winter lohnt es sich, den Garten zu besuchen, denn manche Pflanzenarten bleiben in dieser Jahreszeit grün. Erwähnt seien Tripmadam (auch Felsen-Fettkraut genannt), Kleiner Wiesenknopf, Italienischer Aronstab, Haselwurz und Madonnen-Lilie.

Das zoologische **Stemmler Museum**, das sich ebenfalls in der Altstadt befindet, ist eine "Wunder- und Raritätensammlung" und ein interessantes Dokument einer Museumsgestaltung vergangener Zeiten. Der Namensgeber war ein Kürschner und sehr großer Sammler. Sein mehrstöckiges Haus reicht kaum, um all die Objekte seines Sammeleifers unterzubringen; die Vitrinen sind übervoll mit "ausgestopften" Tieren.

Von der Altstadt ist man rasch oben auf der markanten Festung **Munot**, welche einen wunderschönen Blick über Schaffhausen und die umliegende Landschaft bietet. Der Munot, errichtet nach dem Konzept von Albrecht Dürers Rondellbefestigungen (1563 – 1585), ist eine in ihrer Art wohl recht einmalige Flucht- und Verteidigungsfeste. Da der Ernstfall nie eintrat, u.a. weil Schaffhausen seit 1501

Klostergarten des ehem. Klosters Allerheiligen

Tripmadam (Felsen-Fetthenne)

Italienischer Aronstab im Klostergarten

Madonnen-Lilie

der Eidgenossenschaft zugewandt war und an keinem Krieg mehr aktiv teilnahm, präsentiert sich der Munot fast noch so, wie er vor rund einem halben Jahrtausend errichtet wurde. Vor der Festung gibt es Pflanzen mit Beschilderung, insbesondere Rosen. Durch die Altstadt fliegen gelegentlich Alpensegler, die eine Kolonie am historischen Obertor haben sollen.

Der **Rheinfall bei Neuhausen** bei Neuhausen – etwas unterhalb von Schaffhausen – ist immer einen Besuch wert. Das imposante Naturschauspiel ist eine Folge der Eiszeiten. Südwestlich von Schaffhausen setzt sich das Jurakalkgestein der Schwäbischen Alb, die im deutschen und Schweizer Hegau "Randen" genannt wird, im Schweizer Jura fort. Der Rhein durchbricht hier das Gebirge und bildet die Trennlinie zwischen den beiden Gebirgszügen. Während der vorletzten Eiszeit wurde das vormalige Rheintal von riesigen Schottermassen der Schmelzwasserflüsse zugeschüttet. Nach der letzten Eiszeit traf der Rhein zunächst nicht wieder

Rheinfall, von Süden

auf sein früheres, nun tief im Untergrund verborgenes Flussbett und nahm einen anderen Verlauf. Doch er schnitt sich wieder in die Landschaft ein und fand irgendwo unterhalb des heutigen Rheinfalls das alte tiefgelegene Tal, aus dem er anschließend den Sand und Kies wieder ausräumte. Aber die talaufwärts fortschreitende Erosion fand ihre Grenze an den wieder freigelegten Jurakalkfelsen, die vor der vorletzten Eiszeit (Riss-Eiszeit) den alten Talrand gebildet hatten. An dieser harten ursprünglichen Talseitenwand nagt der Rhein immer noch und beschert uns den eindrucksvollen Wasserfall. Der Felsklotz mitten im Rheinfall, der vom alten Ufer erhalten blieb, kann bestiegen werden; Boote starten vom Flachufer auf der nördlichen Neuhausener Seite aus.

Auf der anderen Rheinseite gibt es vom **Schloss Laufen** Treppen hinunter zu Kanzeln am Fuß des Rheinfalls, von denen aus die Wucht der Wassermassen noch eindrucksvoller erlebt werden kann.

Rheinfall, von Norden

Naturkunde des Randen, Museum Allerhl.

Frühgeschichte des Bodenseeraums

21

Schiener Berg Nordhang

Hinein in die Grüne Wand

Geschlossener Wald am nordexponierten Steilhang des Schiener Bergs, nahe der südlichen Gemeindegrenze von Rielasingen-Worblingen und Singen-Bohlingen; im Westteil deutsch-schweizerische Grenze. Reiche Waldflora, geologische Formationen der Oberen Süßwassermolasse und der Eiszeiten

Empfohlene Besuchszeit: *Frühling*

Pkw

• L 191/L 222/K 6160/L 193 Singen – Rielasingen – Worblingen – Bohlingen – Bankholzen – Schienen – Öhningen; in Worblingen bis zum Freibad am südlichen Ortsrand oder Wanderparkplatz am Bergfuß, in Bohlingen bis zum Friedhof am südlichen Ortsrand; vor Schienen bis zum Wanderparkplatz beim Landgasthof "Schienerberg" (einzeln stehendes Haus) und bergab bis zum links einmündenden Wirtschaftsweg, auf diesem zur Brücke über die Bohlinger Schlucht.

• Zum Mühlbachtal: ab Wanderparkplatz am Ortsrand Bankholzen; markierter Wanderweg

Bus

• Stadtbus Singen, Linie 3: Singen-Bahnhof – Bohlingen (an Sonn- und Feiertagen Anruf-Sammel-Taxi), bis Bohlingen-Ledergasse; dann auf der Kreisstraße in Richtung Bankholzen zum Friedhof

• Singen-Bohlingen (Fahrplan Nr. 7362), bis Haltestelle Worblingen-Schloss; dann zum Freibad jenseits der Aach

Wanderwege

• Rielasingen – Worblingen – Bohlingen – Stationenweg – Schrotzburg – Schienen – Öhningen (gelbe Raute, grüne Raute auf Gelb); Stationenweg Teil der u.g. Rundwanderung

• Worblingen – Maria Tann – Firstweg – Schrotzburg – Langenmoos – Bankholzen – Moos (gelbe Raute, grüne Raute auf Gelb); zwischen Worblingen und Maria Tann – Schrotzburg gleichlaufend mit u.g. Rundwanderung

• Schwarzwald-Jura-Bodensee-Weg (grüne Raute auf Gelb): Singen – Rielasingen – Arlen – Herrentisch – Schrotzburg – Schienen – Langenmoos – Gaienhofen; zwischen Herrentisch und Schrotzburg gleichlaufend mit u.g. Rundwanderung

Wegführung (s. Karte S. 103)

Fußwanderungen: ab Worblingen, Bohlingen oder dem Landgasthof "Schienerberg".

• Ab dem Freibad in Worblingen auf markiertem Wanderweg zum Fuß des Berghanges und auf dem Waldsträßchen aufwärts; nach der zweiten Kehre entweder ohne Wegmarkierung links auf den Fahrweg, der nach kurzer Steigung über mehrere Kilometer hangparallel verläuft und gleich nach der Querung der Bohlinger Schlucht über eine Brücke nach Bohlingen hinabführt; oder weiter das Waldsträßchen aufwärts bis Maria Tann (Schweizer Grenze), von hier auf dem Firstweg entweder bis zum deutsch-schweizerischen Aussichtspunkt "Herrentisch" (markierter Wanderweg auf der Grenze) oder zur Schrotzburg, anschließend Abstieg auf dem Stationenweg (markierter Wanderweg) nach Bohlingen oder Worblingen.

• Ab dem Friedhof Bohlingen entlang der Kreisstraße zur Kapelle, dann auf dem Wirtschaftsweg zum Fuß des Berghanges und im Wald aufwärts; bei der zweiten großen Kehre über die Brücke der Bohlinger Schlucht auf den o.g. hangparallelen Weg in Gegenrichtung; ab dem kreuzenden Stationenweg Abstiegsmöglichkeiten.

Der Nordhang des **Schiener Berges** baut sich als acht Kilometer lange, dunkle Wand auf, die den mittleren Hegau nach Süden abschließt. Südlich der Firstlinie schließt sich ein welliges Plateau mit etwa 700 m Meereshöhe an, das sanft nach Süden zur Höri und zum Untersee hin abfällt – eine liebliche Landschaft mit schönen Ausblicken und dem idyllischen Dörfchen Schienen in seiner Mitte.

Der durchgehend bewaldete, 250 m hoch aus der Aachniederung aufragende Nordhang unterliegt wegen seines sandigen Untergrundes einer starken Erosion. Steilwände und Rutschschollen charakterisieren den oberen Berghang, im mittleren Bereich folgen tiefe Tobel, und am Hangfuß breiten sich ausgedehnte Schuttfächer aus. Die **Bohlinger Schlucht** ist einer der besonders steilen Tobel mit vielen großen Steinen und umgestürzten Bäumen, aber ohne Weg. Sie zu begehen ist nicht einfach und erfordert eine gewisse körperliche Kondition.

Im Nordhang des Schiener Berges gibt es im wesentlichen nur vier Wanderwege und eine einzige Straße, die von der Aachniederung bis auf das Bergplateau hinaufführen. Ansonsten endet das recht dichte Wegenetz am oberen steilsten Anstieg kurz vor der Firstlinie. Wer gerne im Wald wandert oder spazieren geht und auf den Blick in die Niederung sowie auf das Erreichen des Bergplateaus verzichtet, kann sich auf Waldwegen sehr lange durch die geschlossene Waldlandschaft bewegen. Geeignete Ausgangspunkte sind Worblingen, Bohlingen und der Gasthof "Schienerberg".

Der Wald am Nordhang des Schiener Berges ist heute weitgehend **Mischwald**, in dem fast alle Baumarten vertreten sind. Sogar die Tanne fällt beim Begehen des Schiener Berges auf – meist aber nicht in Gestalt hoher Altbäume, sondern als kaum weihnachtsbaumgroßer Unterwuchs, der auf seine lichte Stunde wartet, um dann in die Höhe zu schießen. In den

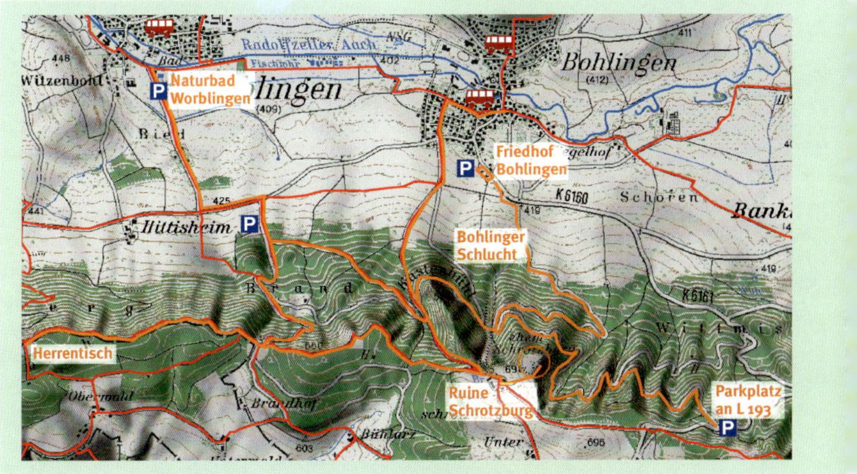

Scharbockskraut

Wald-Schlüsselblume

Vielblütige Weißwurz

Wald-Sauerklee

Wald-Veilchen

Wolliger Hahnenfuß

feuchten Bereichen dominiert **Schluchtwald** mit Eschen und Bergahorn. Gerade hier ist die Bodenvegetation im Frühjahr blumenreich: Buschwindröschen, Scharbockskraut, Wald-Schlüsselblume, Hohler Lerchensporn, Lungenkraut, Frühlings-Platterbse, Wald-Sauerklee, Wald-Veilchen, Vielblütige Weißwurz, Einbeere – um nur einige zu nennen. Noch früher blüht an den Wegrändern das Milzkraut. Die häufigste Pflanze dürfte allerdings die unscheinbare Wimper-Segge sein; auf sie muss besonders aufmerksam gemacht werden, insbesondere im Winterhalbjahr, denn ganze Waldbereiche sind von diesem dunkelgrünen Sauergras bedeckt. Eine typische Pflanze des Schiener Berges ist zudem der Wollige Hahnenfuß, der seinen Namen von der dichten Behaarung der gesamten Pflanze trägt. Seine grundständigen Blätter sind oft durch schwarze Fleckung besonders schön gezeichnet. Eine Besonderheit ist der Finger-Zahnwurz, der zur Blütezeit im Mai die Krautschicht zartrosa färbt. Bei Winterwanderungen fallen an manchen Stellen die fast künstlich wirkenden, hängenden und zu dieser Zeit noch voll grünen Blätter des Gelappten Schildfarns auf. Oft begegnet man auch dem Wald-Geißbart, einer großen Staude, die so schöne cremefarbene Blütenstände schiebt, dass sie auch als Zierde unserer Gärten dient. Weitere auffällige Pflanzen der Wegränder sind am Schiener Berg die Hain-Klette mit ihren riesigen bodennahen Blättern und noch im Winter sparrig stehenden, trockenen Stängeln sowie die Tollkirsche mit ihren glänzend schwarzen Beeren. Die häufigste krautartige Pflanze des Schiener Berges ist allerdings unscheinbar, obwohl sie lange im Jahr kleine, rote Blütchen zeigt. Es ist das Ruprechtskraut, ein kleiner Vertreter aus der Familie der Storchschnabelgewächse.

An verschiedenen Stellen des Schiener Berg-**Nordhanges** tritt Hangsickerwasser aus. Zu erkennen sind solche grundfeuchten Stellen an drei typischen Pflanzen: dem Schilfrohr, hier allerdings wesentlich kleiner als in den Uferröhrichten des Bodensees; außerdem am Riesen-Schachtelhalm, der auf Grund seiner Größe und des elfenbeinfarbenen "Stammes" unverwechselbar ist und schließlich an der großen, wintergrünen Hänge-Segge. Dazu kommen weitere "Sumpfpflanzen", die seitlich der Bäche wachsen.

Geht man den **Steilhang** des Schiener Berges entlang, trifft man hin und wieder auf frei anstehenden Fels oder felsartige Wände. Bei letzteren handelt es sich um verdichteten Sand, der sehr feinkörnig ist; es sind Glimmersande der Oberen Süßwassermolasse, die während der Tertiärzeit (vor ca. 13 – 2 Mio. Jahren) durch ein 20 km breites, vielfach verästeltes Flusssystem aus den Ostalpen herangeführt wurden. In den Glimmersanden findet man mitunter kohlige Pflanzenreste, teilweise auch dünne Lagen von Braunkohle. Über den Glimmersanden und in den steilsten Bereichen nahe der Hangoberkante lagern betonharte Nagelfluh-Felsen, aus deren kalkiger Grundmasse Kieselsteine verschiedener Größe herausragen. Es sind Flussschotter der Günz- und Mindel-Eiszeiten. Die Schotter wurden im Laufe einiger Jahrhunderttausende durch gelösten Kalk verbacken (sogenannte Deckenschotter). Entlang der Hangoberkante zwischen der Schrotzburg und der deutsch-schweizerischen Grenze kommen auch vulkanische Deckentuffe der Tertiärzeit vor.

Südlich von Bankholzen kann man das **Mühlbachtal**, das tief in den Schiener Berg eingeschnitten ist, auf einem markierten Wanderweg besuchen. Es erinnert mit seinem kleinen Mühlennachbau an einen Märchenwald.

Ruprechtskraut (Stinkender Storchschnabel)

Hänge-Segge

Wimper-Segge

Riesen-Schachtelhalm

Klette

Wanderziel Herrentisch und Grenzstein

22

Der Bohlinger Galgenberg – Aussichtsberg über dem Aachtal

Einzigartiger Rundumblick

Deckentuff-Berg unmittelbar nördlich von Bohlingen (Stadt Singen); Südhang mit wenigen Trockenböschungen; Gipfelplateau mit Rundumsicht

Empfohlene Besuchszeit: Hochsommer

Pkw
L 222/L 192 Singen – Rielasingen – Worblingen – Moos – Radolfzell, in Bohlingen bis zum Verkehrskreisel Bohlinger Dorfstraße/Mooser Straße, dann zu Fuß bergauf auf dem markierten Wanderweg zum nördlichen Ortsrand

Bus
Stadtbus Singen, Linie 3: Singen-Bahnhof – Bohlingen (nur werktags; sonn- und feiertags Anruf-Sammel-Taxi Singen (Singen-Bahnhof – Überlingen a.R. – Bohlingen), bis Haltestelle Bohlingen-Rathaus; dann bergauf auf dem markierten Wanderweg, s.o.

Ziel für Wanderer (markierter Wanderweg)
Singen (Südstadt) – Hardtberg – Galgenberg – Bohlingen – Schrotzburg – Schienen – Öhningen (gelbe Raute); zwischen Galgenberg (Gipfelplateau) und Bohlingen gleichlaufend mit dem Hauptteil der u.g. Rundwanderung

Wegführung (s. Karte)
Rundwanderung auf Wirtschaftswegen; zunächst entlang des nördlichen Ortsrandes nach Osten, dann in einer weiten Kurve bergan und anschließend hangparallel westwärts, vorbei an einer Kapelle, bis zum Zugang zum Gipfelplateau (bis hierher markierter Wanderweg); ab hier dann ohne Wegmarkierung abwärts zur Einmündung der Kreisstraße von Singen in die Landesstraße Worblingen – Bohlingen und zurück nach Bohlingen; zum Gipfelplateau (500 m ü.NN) ab o.g. Zugang oder direkt ab nordwestlichem Bohlinger Ortsrand zur o.g. Straßeneinmündung der Kreisstraße nach Singen, dann auf dem asphaltierten Wirtschaftsweg aufwärts (Gegenrichtung s.o.) bis zum Zusammentreffen mit dem o.g. Wanderweg und auf diesem geradeaus (Grasweg) weiter steil bergan. Länge Rundweg mit Abstecher Gipfelplateau: ca. 3,0 km; Höhendifferenz: 90 m.

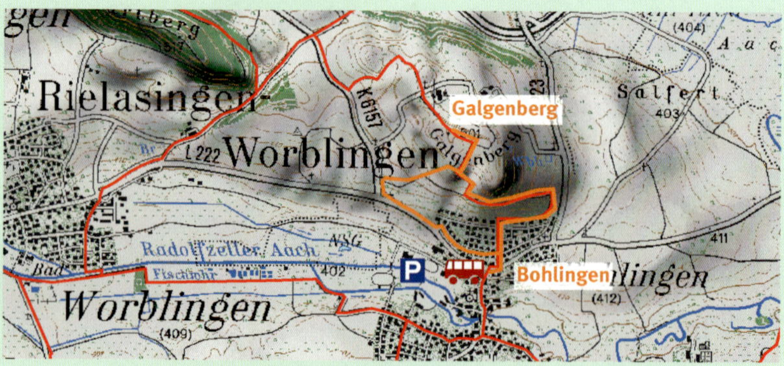

Der Galgenberg gehört zu den inselhaft in der Ebene gelegenen **Deckentuff-Bergen** im mittleren Hegau, ebenso wie der Plören (siehe Nr. 26), das Rosenegg (siehe Nr. 23) und der Hartberg bei Worblingen. Wegen ihrer festen Decke aus hartem Tuff (verfestigte vulkanische Asche) widerstanden diese "Inseln" dem Rheingletscher, der in der letzten Eiszeit die Landschaft des Hegaus modellierte und die Berge nur abrunden, aber nicht weghobeln konnte. Der steinharte Tuff liegt auf sehr weichem Sandstein der Molasse, was gut am benachbarten Hardtberg zu sehen ist, wo viele höhlenartige "Vorratskeller" in den Sandstein hineingetrieben wurden.

Der Galgen, der einst auf dem Bergplateau stand, gehörte dem Fürstbischof von Konstanz, der das größte deutsche Bistum, aber als weltlicher Fürst das kleinste Territorium aller Fürstbischöfe besaß. Der Galgenberg besticht vor allem durch die einmalige 360°-Rundum-Aussicht. Er wird landwirtschaftlich genutzt, mit Ausnahme eines kleinflächigen Waldes im Norden. Die Südseite des Berges war einst von Reben eingenommen; neuerlich pflanzt man sie wieder verstärkt an. Ansonsten bestimmen Gärten und Weiden die Art der Nutzung. Inselartig gibt es blumenreiche Brachflächen, die noch nicht verbuscht sind.

Die vollständige Rundsicht vom **Plateau des Galgenbergs** mit seinen Aussiedlerhöfen bietet, solange der Mais nicht zu hoch steht, folgende Eindrücke: In nächster Nachbarschaft erhebt sich nach Nordwesten der Hardtberg mit seinem Mobilfunkmast. In der Ebene, die sich im Norden des Galgenbergs erstreckt, scheint es nur Wald zu geben; aus dem Meer der Bäume ragen aber einige Werksanlagen der Singener Industrie hervor. Auf dem Südhang des Galgenbergs gibt es einen landschaftlich reizvollen **Wirtschaftsweg**, der ungefähr in der Hangmitte nahezu horizontal verläuft. Von diesem Weg aus hat

Hirsch-Haarstrang

Aufrechter Ziest

Rundbl. Glockenblume

Skabiosen-Flockenblume

Taubenkropf

Salomonssiegel

man eine gute Aussicht und schaut im Osten zur Höri, auf den Zeller See mit Radolfzell und dahinter auf das Bergland des Bodanrücks. Vor dem Zeller See breitet sich das Radolfzeller Aachried aus, in den riesigen Schilfflächen des Naturschutzgebietes schlängelt sich die Aach in Richtung See. Im Mittelteil des Weges liegt eine kleine Kapelle, welche an die Weinbautradition anknüpft. Von hier fällt der Blick über den Ort Bohlingen auf den langen, bewaldeten Riegel des Schiener Berg-Nordhanges. Weiter im Westen schließen sich die Orte Worblingen, Arlen und Rielasingen an, dahinter weitere bewaldete Berge wie das Rosenegg und der Rauhenberg bei Gailingen.

Wer Blumen am Galgenberg sucht, muss einige Mühe auf sich nehmen. Vom o.g. Wirtschaftsweg im **Südhang** führen noch östlich der Kapelle mehrere schmale (und im Sommer mehr oder weniger zugewachsene) Pfade senkrecht den Hang hinauf. Entlang der unbewirtschafteten, sonnigen Steilböschungen oberhalb der Rebanlagen kann man sein Glück versuchen. Dort findet man Pflanzen, die eher Trockenheit lieben und sich auf die brachliegenden Flächen beschränken. Ein besonders typische Art ist der Hirsch-Haarstrang, ein Doldenblütler, der im Hochsommer weiß blüht. Zahlreich vorhanden ist der strauchförmige, gelb blühende Schwarzwerdende Geisklee. Sein Name rührt vom Schwarzwerden der Pflanze beim Trocknen her. Auch er fühlt sich nur auf den brachliegenden Flächen wohl. Weiterhin seien erwähnt: Kartäuser-Nelke, Aufrechter Ziest, Sonnenröschen, Zypressen-Wolfsmilch, Skabiosen-Flockenblume, Rundblättrige Glockenblume, Taubenkropf, Sichelklee, Weißer Steinklee, Dost, Blut-Storchschnabel und Salomonssiegel.

23

Das Rosenegg bei Rielasingen

Ausflugsberg mit Frühlingsflora

Vulkanberg (Deckentuff) (549 mNN) am nordwestlichen Ortsrand von Rielasingen (Gemeinde Rielasingen-Worblingen); große Vielfalt an Pflanzenarten im und am Wald, Geologie, Aussichtspunkte

Empfohlene Besuchszeit: April/Mai

Pkw
L 191 Singen – Stein a.Rh.; in Rielasingen abbiegen in die L 222 in Richtung Gottmadingen und bis zum u.g. Parkplatz am Ortsrand bei der Rosenegghalle; oder noch weitere ca. 0,8 km zur Auffahrt auf das Rosenegg und zum Berggasthof (Parkplatz auf halber Höhe im Wald)

Bus
• Singen – Stein a.Rh. (Fahrplan Nr. 7349), bis Haltestelle Rielasingen-Kirche;
• Singen – Bohlingen (Fahrplan Nr. 7362), bis Haltestelle Rielasingen-Kirche; dann durch die Gottmadinger Straße (Landesstraße) zum u.g. Parkplatz bei der Rosenegghalle

Ziel für Wanderer (markierte Wanderwege)
• Singen – Rosenegg – Gottmadingen (gelbe Raute); an der Westseite des Roseneggs teilweise gleichlaufend mit Teilstrecke der u.g. Lehrpfade; nach Gottmadingen über Schweizer Gebiet Ausweis/Pass erforderlich!
• Singen – Rielasingen – Gottmadingen (grüne Raute auf Gelb, gelbe Raute); ab Toswehr in der Aach ("Aachschwelle") kurz vor Rielasingen auf markiertem Wanderweg zur Gottmadinger Straße und zum o.g. Parkplatz bei der Rosenegghalle; ab hier bis zur Südwestecke des Bergfußes gleichlaufend mit Teilstrecke der u.g. Lehrpfade; nach Gottmadingen über Schweizer Gebiet Ausweis/Pass erforderlich!

Wegführung (s. Karte)
Mehrere Möglichkeiten für Rundwanderungen bzw. Spaziergänge; Lehrpfad (unterschiedliche Wegqualität) in verschiedenen Varianten ab Parkplatz bei der Rosenegghalle an der Gottmadinger Straße (Ortsrand von Rielasingen; große Orientierungstafel), oder ab Berggasthof Rosenegg; Gesamtlänge ca. 7 km; Höhendifferenz ca.130 m

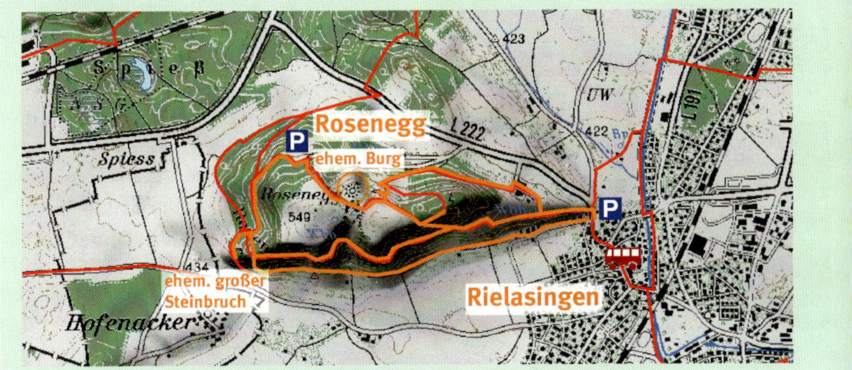

Lehrpfad um das Rosenegg

Türkenbund-Lilie

Gemswurz

Buschwindröschen

Leberblümchen

Waldboden auf dem Rosenegg

Das **Rosenegg** ist ein langgestreckter, inselartig in der Ebene liegender Bergrücken, der am Ortsrand von Rielasingen beginnt und sich westwärts in Richtung Gottmadingen erstreckt; von Rielasingen her betrachtet sieht er wie ein spitzer Berg aus, der die Talebene um etwa 130 Meter überragt. Der Untergrund besteht aus vulkanischen Deckentuffen. Tuff wird gemeinhin als ein weiches, gut bearbeitbares Gestein angesehen, doch derjenige des Roseneggs ist sehr hart und damit als Baustein hervorragend geeignet. Daher gab es früher mehrere Steinbrüche, die allerdings fast alle heute nur noch schwer zu entdecken sind. Die steile Felswand unterhalb des Fernsehumsetzers über Rielasingen ist allerdings kein ehemaliger Steinbruch; hier wurde der Fels – wie bei den Hegaubergen Hohentwiel und Hohenkrähen – durch den von Osten anrückenden Rheingletscher während der letzten Eiszeit freigelegt.

Das Rosenegg bietet sowohl den Spaziergängern als auch den Wanderern Bedeutsames. Die Spaziergänger werden sich in der Regel auf das Plateau des Berges beschränken, das – abgesehen vom bewaldeten östlichen Bereich – landwirtschaftlich genutzt wird. Der Wanderer kann den Berg umrunden, und er wird sich fast immer im Wald befinden; denn die Steilabfälle des Roseneggs sind rundum mit Wald bestockt. Beim Gang über und um das Rosenegg informieren immer wieder große, schön gestaltete Informationstafeln über die Natur und Geschichte des Berges sowie über das Netz der vorhandenen Lehrpfade. (Die Tafeln wurden mit Unterstützung des PLENUM-Projektes erstellt).

Auf dem Plateau gibt es zwei sehr schöne und empfehlenswerte Aussichtspunkte. Bei der ehemaligen Burg hat man einen klassischen Blick direkt auf den Hohentwiel, auf weitere Hegauberge sowie auf die Stadt Singen mit ihren Industriebetrieben. Von der Ostspitze, von der Burg einen halben Kilometer entfernt, sieht man direkt unterhalb des Steilabfalles die aus drei Ortsteilen bestehende Gemeinde Rielasingen-Worblingen; rechts davon liegt die nahe Schweiz, deren Grenze bis an den westlichen Bergfuß heranreicht. Hinter Rielasingen-Worblingen zieht sich langgestreckt der Nordabhang des Schiener Berges hin, und dem Bodensee vorgelagert sind hintereinander zwei kuppige Berge, der Hartberg und der Galgenberg bei Bohlingen.

Beim Berggasthaus wurde ein beeindruckend tiefer Brunnen mit einem Holzhäuschen überbaut und für Besichtigungen zugänglich gemacht (ggf. im Gasthaus erfragen); außerdem gibt es Spielmöglichkeiten für Kinder; für sie sind auch einzelne Haustiere zu sehen.

Bei der großen Umrundung des Roseneggs an dessen Fuß trifft man an der Südwestecke auf den sehr eindrucksvollen Kessel eines großen Steinbruchs (Stichweg ab Lehrpfad, Grillplatz). Der Lehrpfad führt über die Oberkante der steil aufragenden Felswand (hoher Stahlzaun als Schutz vor dem Absturz). Hier hat man eine schöne Aussicht. Nach links schaut man in schweizerisches Gebiet, nach rechts in deutsches, mit Gottmadingen als Mittelpunkt. Verhält man sich ruhig, kann man in dem felsigen Gelände Mauereidechsen zu Gesicht bekommen. Neben der Insel Mainau und dem Hohentwiel ist das Rosenegg eines der wenigen baden-württembergischen Vorkommen des südländischen Reptils. Bei der Wanderung kann man auf der Südseite des Berges auf das Johannisbrünnele stoßen. Die Quelle schüttet in der Regel nur im Winterhalbjahr. Der Platz wurde vom Schwarzwaldverein gestaltet.

Mauereidechse

Johannisbrünnele

Schwarzwerdende Platterbse

Blick zum Hohentwiel

Die Liste der in den Wäldern am Rosenegg vorkommenden Pflanzenarten ist sehr lang und enthält einige Orchideen-Arten sowie die Türkenbund-Lilie. Das Frühjahr ist die beste Zeit, um die Blumen des Roseneggs zu erleben. Dann ist der Grund des Waldes im Westen überzogen mit den weißen Sternen des Buschwindröschens. Dazwischen zeigt sich das zarte Gelb der Wald-Schlüsselblume und das Goldgelb des Scharbockskrautes. Früh sprießt auch der Bärlauch aus dem wasserzügigen Boden. Noch früher blüht an vielen Stellen das blaue Leberblümchen.

Zwei Arten, die man ansonsten im Hegau nur selten vorfindet, erreichen am Rosenegg große Bestände. Die Rasen der Kriechenden Gemswurz sind recht umfangreich, das fällt im ausgehenden Winter besonders auf, wenn das frischgrüne Laub große Bodenpartien überzieht. Meist bringen die Pflanzen keine Blüten hervor, weil es im Waldinnern zu schattig ist. Stellt man die Gemswurz aber frei, wird sie sehr rasch von kräftigeren Pflanzen überwachsen und blüht auch nicht. Die Blüten findet man also nur dort, wo die Gemswurz unter dem Blätterdach zwar ausreichend Licht bekommt, es aber für ihre Konkurrenten zu schattig ist.

Die Schwarzwerdende Platterbse kommt in großer Zahl im trockenen Wald an der östlichen Plateauspitze vor. Die rötlichen Blüten der aufrechten, bis einen Meter hohen Pflanzen sind nicht sehr auffällig. Schwarz wird die Pflanze nur dann, wenn man sie im Herbar sammelt und presst. Eine nahe Verwandte ist im zeitigen Frühjahr wesentlich auffälliger: die Frühlings-Platterbse. Die purpurrote Blüten wechseln nach dem Bestäuben durch Insekten ihre Farbe in ein schmutziges Blau, um alsbald zu verdorren.

Beim Berggasthaus befand sich die Burg Rosenegg. Von ihr sind nur noch ein paar Steine der Grundmauern vorhanden. Auf der Bergspitze gegen Rielasingen gibt es außerdem noch Spuren einer wallartigen Fluchtburg, deren Alter (alemannisch, keltisch oder älter) noch nicht bestimmt ist. Die Burg Rosenegg wurde um 1250 von den Herren von Rosenegg erbaut, die vermutlich vom Hohentwiel stammten. Anfang des 17. Jahrhunderts kam die Burg in die Hände des Fürstbischofs von Konstanz, der sie zur Sommerresidenz ausbaute. Nach der letzten Zerstörung im 30-jährigen Krieg wurden nicht nur die Trümmersteine verkauft und abgeräumt; es wurde auch der Untergrund der Burg abgebaut, so dass wir heute nicht einmal mehr eine Burgruine finden, sondern nur noch einen alten Steinbruch. Die Herren von Rosenegg trugen Rosen in ihrem Wappen, wie auch heute noch die Gemeinde Rielasingen-Worblingen.

24

Aach und Stadtpark in Singen

Die grüne Achse vom Zentrum zum Berg

Alter Stadtgarten und neuer Stadtpark (ehemaliges Landesgartenschaugelände) am westlichen Rand des Stadtzentrums Singen zwischen Rathaus, Stadthalle und Aach; teilweise naturnah gestalteter Flusslauf der Aach; naturnahe Insel Wehrd südlich der Bahnanlagen; gestaltete Parkanlagen mit exotischen Bäumen und standortsheimische Vegetation, Wasservögel

Empfohlene Besuchszeit: Mai

Pkw

• A 81 Autobahnkreuz Hegau – Bietingen (- Schaffhausen), bis Ausfahrt Hilzingen; dann auf der B 314/B 34 nach Singen direkt zum ehem. Landesgartenschaugelände im Bereich der Aach (Parkplätze);

• zur Insel Wehrd: ab Rathaus nach Süden durch die Hauptstraße und bei der Straßengabelung in die Schlachthausstraße, bis gleich nach der Unterführung unter der Bahn ein Parkplatz erreicht wird.

Bus

• Singen Bahnhof – Waldfriedhof – Gailingen/Tengen (Fahrplan Nr. 7351 + 7353) bis Rathaus (dann zu Fuß vorbei an Rathaus und Stadthalle) oder Landesgartenschau (Scheffelhalle)

• zur Insel Wehrd: Stadtbus Singen, Linien 1 oder 4: Bahnhof – Überlinger Straße bzw. Konstanzer Straße, bis Haltestelle Bahnhofstraße/Julius-Bührer-Straße

Eisenbahn

• Engen – Radolfzell – Konstanz, bis Singen-Landesgartenschau (nur Nahverkehr) oder Bahnhof (Fahrplan Nr. 720)

• Schaffhausen – Singen Bf (Fahrplan Nr. 730)

• zum Stadtgarten/Stadtpark (Landesgartenschaugelände): Vom Bahnhof nach Nordwesten durch die Innenstadt und an Rathaus und Stadthalle vorbei; oder vom Nahverkehrshaltepunkt Singen-Landesgartenschau (Seehas-Linie Konstanz – Engen)

• zur Insel Wehrd: Vom Bahnhof entlang der Bahnanlagen nach Südwesten und durch die Unterführung Rielasinger Straße, dann sofort rechts weiter zur Aach.

Ziel für Wanderer (markierte Wanderwege)

• Querweg Freiburg-Bodensee: Engen – Hohentwiel – Singen – Friedinger Schlossberg – Bodanrück (rot-weiße Raute in Gelb); in Singen zwischen Aach und Rathaus durch den Stadtpark

• Schwarzwald-Jura-Bodensee-Weg (grüne Raute in Gelb): Rielasingen – Singen – Hohentwiel – Hegauberge; an der Aach in Singen über die Insel Wehrd, dann weitere 500 m aachaufwärts durch den Stadtpark

• Gottmadingen – Rosenegg – Singen (gelbe Raute); direkt am Ortsrand (südlich der Bahnhofsanlage) über die Aach zur Insel Wehrd; durch die Straßenunterführung Schlachthausstraße auf mark. Wanderweg (grüne Raute auf Gelb) nach N zum Stadtpark

Wegführung (s. Karte S. 114)

In den Parkanlagen Spazierwege, für Familienspaziergänge geeignet; zur Insel Wehrd flussabwärts entlang der Aach bis südlich der Bahnanlagen (markierter Wanderweg)

Singen, eine moderne Industrie- und Dienstleistungsstadt, liegt nicht nur am Hohentwiel, sondern auch am Fluss Aach, dem bedeutendsten Fließgewässer des Hegaus. Singen gehört zudem zu den ältesten nachgewiesenen Siedlungsplätzen in Baden-Württemberg. So wurde die älteste Fundstelle mit Gegenständen der altsteinzeitlichen La-Hoguette-Kultur (6. Jahrtausend v.Chr., also vor ca. 7.500 Jahren) Ende der 1990er Jahre im Bereich des Torkelwegs gefunden, einer Terrasse am Hohentwiel über der Aach nordwestlich des Haltepunkts Landesgartenschau. Spuren der "Rössener Kultur" (vor 6.700 Jahren) kamen beim Bau der Landesgartenschau im Gewann Offwiese (westlich der Aach, Höhe Stadtgarten) zutage.

Die Grünzone, welche die **Aach** in ihrem Lauf durch die Kernstadt von Nord nach Süd begleitet, ist auch für den Naturliebhaber einen Besuch wert. In den letzten Jahren wurde die Aach und ihr Umfeld aufgewertet, vor allem durch eine von der Wasserwirtschaftsverwaltung durchgeführte Renaturierung des Flusslaufes und durch die Landesgartenschau im Jahre 2000. Die alte Funktion der Aach als Energiequelle für Mühlen, eine Spinnerei und zur Stromversorgung, lebt nun wieder mit der Modernisierung und Wiederinbetriebnahme des Elektrizitätswerkes auf.

Schon seit dem Spätmittelalter fließt die Aach in zwei Armen durch Singen. Neben dem Hauptfluss verläuft östlich ein Kanal, der inzwischen

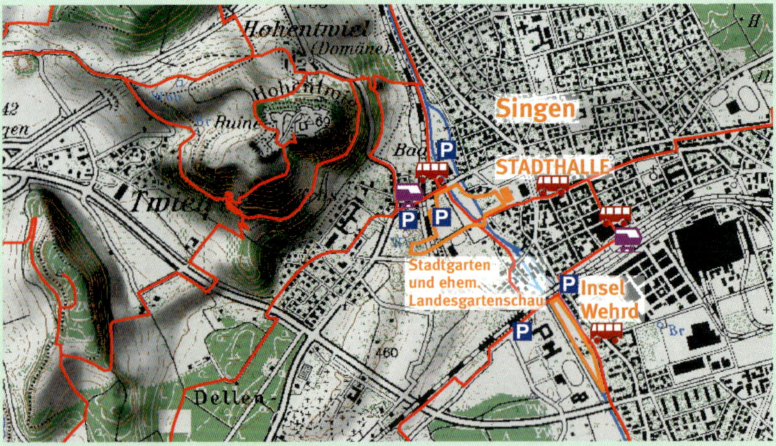

streckenweise ebenfalls naturnah erscheint. Auf der oberen der beiden Aachinseln besteht seit vielen Jahrzehnten der alte **Stadtgarten**; die Landesgartenschau hat die beiden Flussarme integriert, insbesondere wurde im Osten jenseits des Aachkanals ein neuer Stadtpark geschaffen, der bis zur Stadthalle und zum Rathaus reicht. Der südliche Teil der unteren Aachinsel, die **Insel Wehrd**, wurde als Spende der Allianz-Versicherung naturnah umgestaltet. Leider wurden einige der Anlagen der Landesgartenschau wieder beseitigt, obwohl sie sehenswert gewesen wären, aber auch der nachhaltigen Pflege bedurft hätten.

Der alte Stadtgarten wurde anlässlich der Landesgartenschau 2000 verschönert. Er enthält einige exotische Baumarten, oft in prächtigen Gestalten. Erwähnt seien nur der Tulpenbaum, Trompetenbaum, Mammutbaum, Urweltbaum, Amberbaum, Gingkobaum und die Magnolie.

Als größter Zeuge der Landesgartenschau fungiert im neuen Stadtpark der **Staudengarten**, der von der Aach fast bis zur Stadthalle reicht. Er läuft erst in der zweiten Jahreshälfte zu voller Blüte auf. In seiner Nordostecke wurde er ergänzt durch einen kleinen Sukkulentengarten. Der ummauerte **Klostergarten** jenseits der Aach, der die typischen Heilkräuter und Gewürzpflanzen enthält, ist eine Erinnerung an den Garten des Klosters Allerheiligen in Schaffhausen (siehe Nr. 20). Ähnlichen Inhalt findet man daneben beim “Senkgarten”, vor dem an einem Felsblock auf die alte Beziehung des Klosters St. Georgen in Stein am Rhein zum Hohentwiel hingewiesen wird, denn auf diesem war es 970 gegründet und um 1005 in die lieblichere Gegend am Ausfluss des Rheins aus dem Bodensee verlegt worden. Auf einer weiteren Fläche

Stadtpark mit Stadthalle

Alter Singener Stadtgarten

Bananenstauden im Stadtgarten

Höckerschwan und Stockenten an der Aach

Fischtreppe am Aachwehr

"Garten der Schöpfung" der christl. Kirchen

Flutender Hahnenfuß

Aach in der Höhe der Insel Wehrd

werden von der Bio-AG einer Singener Schule im Rahmen des Unterrichtsprojektes "Grünes Klassenzimmer" seltene **Wildpflanzen** angesät und gepflegt. Überhaupt dient jetzt ein wesentlicher Teil des ehemaligen Gartenschaugeländes westlich der Aach der Entwicklung großer Wildblumenflächen. Hier haben Pflanzen- und Insektenarten eine Lebenschance erhalten, wie sie in den landwirtschaftlich intensiv genutzten Fluren kaum noch möglich ist.

Der **"Garten der Schöpfung"**, ein stiller Ort, angelegt von der Arbeitsgemeinschaft christlicher Kirchen Singens, liegt recht versteckt außerhalb des Stadtparks hinter den Tennisplätzen (im Zwickel zwischen der Schwarzwaldbahn und der sie überquerenden Zufahrtsstraße zu den Tennisplätzen). Direkt daneben dehnen sich entlang der Schwarzwaldbahn weitläufige **Streuobstwiesen** aus. Hier lernt man alte Obstsorten kennen (beschilderte Bäume). Im Areal zwischen Rathaus und Schloss blieb von der Landesgartenschau auch der **Gräsergarten** erhalten, der vielleicht wieder Erläuterungstafeln zu den verschiedenen präsentierten Gras-Arten erhält. Auch eine Reihe von Kunstobjekten der damals parallel gezeigten Kunstaktion "HIER, DA und DORT – Kunst in Singen" ist noch zu sehen.

Im Wasser der **Aach** und deren Kanäle wächst über weite Strecken eine Unterwasserpflanze, die trotz aller Abmähaktionen prächtig gedeiht: der Flutende Hahnenfuß. Er ist besonders gut im Bereich des alten Stadtgartens zu sehen. Im Hochsommer blüht er in Massen; dabei scheinen die kleinen, weißen Blüten über der Wasseroberfläche zu schweben.

Entlang der Aach kann man in fast dörflichem Ambiente zur Insel Wehrd gehen. Unterwegs fällt die Vielzahl an **Wasservögeln** auf, im Winterhalbjahr sind es mehr als im Sommer. Die meisten sind Stockenten, deren Männchen im Winterhalbjahr ein prächtiges Hochzeitskleid mit grünen Köpfen tragen. Die Weibchen sind erdfarben; schließlich müssen sie dem Brutgeschäft nachgehen und dürfen ihren Feinden nicht auffallen. Aber im Sommer tragen Männchen wie Weibchen das gleiche Federkleid, und nur Experten können die Geschlechter unterscheiden. Zur Aach gehören auch die mächtigen Höckerschwäne; hinzu kommen Blässrallen und im Winter Tafel- und Reiherenten sowie der seltene, fast exotisch wirkende Gänsesäger.

An der Schlachthausstraße kurz unterhalb des Beginns der unteren Singener Aachinsel kommt man zum reaktivierten Elektrizitätswerk. Die

Betriebsgenehmigung wurde mit der Auflage versehen, eine **"Fischtreppe"** zu bauen. Für Fische, die im Flusslauf wandern, wäre das Wehr ein unüberbrückbares Hindernis. Seitlich des Wehrs wurde daher mit Felsbrocken eine schmale Aufstiegspassage gebaut, sie gleicht einem in die Tiefe stürzenden Gebirgsbach.

Südlich des Eisenbahndammes, welcher die Aach überquert, ist die **Insel Wehrd** naturnah gestaltet worden. Noch vor der westlichen Brücke zur Insel kommt man an einer künstlerisch gestalteten Kiesfläche vorbei. Auf ihr entwickelt sich die Vegetation eines länger nicht mehr durch Hochwasser überschwemmten Teils eines Flussbettes (Typ "Kiesbank"). Auf der Insel wurde ebenfalls durch ein Kunstwerk das "fließende Wasser erlebbar gemacht". In zwei Minikanälen strömt Wasser in einem "Wasserkreuz" zusammen, vermischt sich und geht wieder getrennte Wege.

Von der Landesgartenschau geblieben sind auch die naturnahe Umgestaltung des Aach-Ufers und die großen Wiesen. **Blumenreiche Wiesen** waren früher nichts Besonderes, durch die intensive Düngung auf den Wirtschaftswiesen der Landwirtschaft sind sie jedoch sehr selten geworden. Hier auf der Insel konnten sich Blumenwiesen entfalten, weil sie nicht als Rasenflächen angelegt und nie gedüngt wurden. Ein Schnitt im Jahr ist zur Erhaltung allerdings unbedingt notwendig. Besonders schön ist die Blumenwiese im südlichen Teil der Insel. Vor dem ersten Schnitt blühen Scharfer Hahnenfuß, Esparsette, Wiesen-Pippau, Margerite, Kuckucks-Lichtnelke, Zottiger Klappertopf, Acker-Witwenblume, Wiesen-Glockenblume, Hopfenklee, Hornklee, Rot-Klee, Rote Lichtnelke, Wiesen-Storchschnabel, Wiesen-Labkraut und Mittlerer Wegerich.

Wiesen-Pippau

Margeritte

Zottiger Klappertopf

Wiesen-Storchschnabel

Rote Lichtnelke

Wiesen-Glockenblume

25
Hohentwiel

Trockenrasen, Ysop und Schöne Italienerin

Vulkanberg (690 m) unmittelbar westlich der Stadt Singen; Pflanzen- und Tierarten entlang des durch Magerrasenflächen und Bannwald führenden Vulkanpfades; viele Aussichtspunkte, geologische und historische Erläuterungen; Natur- und Landschaftsschutzgebiet

Empfohlene Besuchszeit: Frühling, Sommer

Pkw
Von der Innenstadt Singen auf der B34 in Richtung Gottmadingen – Schaffhausen bis zur Abzweigung Hohentwielstraße kurz nach dem Bahnübergang; Auffahrt bis zum Domänenhof (Parkplätze)

Bus
- Stadtbus Singen (= Anruf-Sammel-Taxi): Bahnhof – Hohentwiel (Domänenhof)
- Stadtbus Singen (SBG), Linie Bahnhof – Hegau-Klinikum – Friedhof, bis Haltestelle Hegau-Klinikum; weiter auf markierten Wanderwegen

Eisenbahn
– Beschreibung siehe Ziel Nr. 24

Ziel für Wanderer (markierte Wanderwege)
Querweg Freiburg-Bodensee (rot-weiße Raute auf Gelb): Welschingen – Hohenkrähen – Hohentwiel bis zum Domänenhof – Singen – Steißlingen

Wegführung (s. Karte)
- Vulkanpfad-Rundgang: Beginn des markierten Lehrpfades (12 Erläuterungstafeln) am Domänenhof (Parkplätze, Informationszentrum, Museum zu Natur und Geschichte des Hohentwiels, Gasthaus, Hotel), Länge ca. 3,6 km, Höhendifferenz: ca. 110 m
- Festungsruine: Direkter Weg ab Domänenhof (WICHTIG: bereits hier Eintrittskarte kaufen, am Festungseingang nicht immer erhältlich! Öffnungszeiten: Apr. – Sept. 8.30 – 18.30, Okt. 9 – 17, Nov. – März 10 – 16), Länge ca. 1 km, Höhenunterschied 150 m.

Der **Hohentwiel** ist mit großem Abstand der meistbesuchte Hegauberg. Seine unverkennbare Gestalt fällt bereits aus größerer Entfernung auf: hoch ragt der mächtige Felspfropfen mit (künstlich) abgeflachter Kuppe aus der Ebene auf, als Anhang mit sanfteren Geländeformen erstreckt sich auf der südwestlichen Seite des Klotzes ein Bergrücken geringerer Höhe.

An der **Entstehung des Berges** arbeiteten mehrere Erdzeitalter. Durch die Auffaltung der Alpen seit der Kreidezeit (vor ca. 135 Millionen Jahren) entstanden vor allem im Tertiär Schwächezonen in der Erdkruste des Voralpenraums, durch diese drang heißes Magma nach oben. Vor ca. 15 Mio. Jahren war am Standort des Hohentwiels ein Vulkan, der Asche auswarf – die Deckentuffe am Südwesthang zeugen noch heute davon. Das seinerzeit absinkende voralpine Becken wurde nun mehrfach durch Meer und Alpenabflüsse mit Gesteinsmaterial aufgefüllt – so entstand das mehrere tausend Meter mächtige "Molassepaket". Als vor etwa 9 Mio. Jahren abermals glutflüssiges Magma aus dem Erdinnern emporstieg, drang es nicht mehr bis zur damaligen Erdoberfläche vor, sondern erkaltete – im Untergrund verborgen – als Propfen. Erst während der Eiszeiten hobelten die mächtigen Gletscher das umhüllende, mehr als 400 Meter mächtige Gesteinsmaterial weg und legten den harten Felspfropfen frei. Das Eis glitt auch über den Berg hinweg, ließ aber im Schatten des Felsklotzes den langgestreckten Rücken aus weichem Tuffmaterial stehen. Erst die letzte Eiszeit vor ca. 20.000 Jahren (Würm-Eiszeit) gab dem Hohentwiel seine heutige markante Form – es stimmt also, dass "Feuer und Eis" ihn geschaffen haben.

Ein naturkundlicher Besuch des Hohentwiel, von dem 108 ha bereits 1941 zu einem der ersten deutschen Naturschutzgebiete ausgewiesen wurden, beginnt am besten am Domänenhof mit Besucherzentrum auf halber Höhe des Berges. Im **Besucherzentrum** gibt es eine informative Dauerausstellung zum Hohentwiel, hier erhält man auch Eintrittskarten für die Festungsruine. Der auf halber Höhe um den Berg führende als Rundweg ausgeschilderte **Vulkanpfad** bietet einen guten Einblick in die Geologie, Fauna und Flora des Hohentwiels. Er beginnt am Domänenhof. Zu Beginn des Vulkanpfades wird man gleich hinter dem Domänenhof zu den ausgedehnten **Schafweiden** geführt. Diese erstrecken sich über den Tuffrücken am Fuße des felsigen Klotzes, der wie Mägdeberg, Hohenkrähen und Staufen zur südöstlichen "Phonolith-Reihe" des Hegaus gehört.

In den meist kurzgefressenen nordexponierten Weiden fallen die vielen Nickenden Disteln mit ihren großen, purpurfarbenen Blütenköpfen auf. Die Schafe verschmähen die dornigen Disteln, und so können diese sich ungestört entfalten. Ähnliches gilt für eine andere distelartige Pflanze, die Silberdistel. Man findet sie nicht nur zahlreich am Wege, sondern auch den Hang hinauf auf den Weiden, wo sie bei sonnigem Sommerwetter massenhaft blüht. Zu den wenigen Sträuchern im beweideten Areal zählt die Weinrose. Zu erkennen gibt sie sich durch folgendes Experiment: Wenn man an den Blättern reibt, entsteigt ihnen ein an Apfelsaft oder Wein erinnernder Duft.

Schon hier im Bereich des ausgedehnten Graslandes, das nicht gemäht, sondern nur mit Schafen beweidet wird, fällt im Spätsommer ein blau blühender, etwas holziger Zwergstrauch auf. Es ist der Ysop, eine alte Würz- und Heilpflanze. Auch ihn mögen die Schafe nicht, weil ihnen offenbar der kräftige Geschmack

Nickende Distel

Kugeldistel

Silberdistel

Wein-Rose

Niedriges Habichtskraut

missfällt. Der Ysop stammt ursprünglich aus dem Mittelmeerraum und wird bis heute in Gärten kultiviert. Am Hohentwiel ist er aus den Gärten der Festungsanlage ausgerissen und hat sich auf den umliegenden trockenen Rasenflächen angesiedelt. Er zählt zu den botanischen Besonderheiten des Berges.

Auf einer kurzen Strecke vor dem Alexandertor verläuft der Vulkanpfad auf dem Hauptweg zur **Festung**. Ein Besuch der auf französischen Befehl 1800/01 demolierten Festungsanlage vom Vulkanpfad aus lohnt sich auf jeden Fall. Nicht nur die besondere Atmosphäre in den Ruinen und die herrliche Aussicht weit ins Land kann man von dem ca. 270 m über die Singener Niederung aufragenden Berg genießen, auch Botanisches gibt es in den alten Gemäuern zu bewundern. In Mauerfugen und Gesteinsritzen wachsen viele Pflanzen, die von Natur aus nur in den unzugänglichen Felsen unterhalb der Festung vorkommen. Die auffälligste unter ihnen ist das Niedrige Habichtskraut, ein im Sommer goldgelb blühender Korbblütler. Auch er zählt zu den Hohentwieler Besonderheiten und kann in den Ruinen ohne gefährliche Kletterei betrachtet werden.

Zurück beim **Vulkanpfad**, geht es in Sichtweite vor dem Alexandertor, dem Tunnel zur Karlsbastion, nach rechts in den Wald, um alsbald wieder auf offenes Terrain zu stoßen. Über das sonnenreiche Gelände dehnen sich **Magerrasen**. Sie sind recht artenreich: Sonnenröschen, Kartäusernelke, Rundblättrige Glockenblume und das gelb blühende Echte Labkraut sind hier stark vertreten. Dem Boden schmiegen sich kleine Polster einer besonderen Form des Thymians an. Der flaumig behaarte Krainer Thymian gibt beim Zerreiben seiner Blätter einen zitronenartigen, feinen Duft frei; die purpurfarbenen kleinen Lippenblüten werden gern von Hummeln und Bienen besucht.

An uralten Weißdorn-Sträuchern vorbei gelangt man im weiteren Verlauf auf den Rücken des Olgabergs. Man befindet sich hier direkt bei den äußersten Wallanlagen der Festung am Fuße der Karlsbastion. In großen Bereichen des Hohentwiels besitzt das Gelände nicht mehr seine natürliche Oberflächenformen, so auch hier.

Es wurde Jahrhunderte lang durch Burgen- und Festungsbau verändert; dazu gehörten z.B. die Gewinnung von Baumaterial in den Steinbrüchen im Phonolithfels, Geländeplanierungen und insbesondere während und kurz nach dem Dreißigjährigen Krieg der Bau von umfangreichen Bastionen und Wallanlagen zur Verteidigung sowie die Errichtung von Schanzen durch die Belagerer. Aber die Natur hat sich das Gelände zurückgeholt; Gebüsch und Wald haben sich entwickelt und müssen jetzt durch den Einsatz einer Ziegenherde und Ausholzung wieder zurückgedrängt werden.

Von der Höhe des **Olgabergs** mit seinem südöstlichen Steilhang bietet sich ein prächtiger **Blick** auf die Stadt Singen, den Bodensee, die vordere Höri, den Schiener Berg und den Bodanrück. Nun gelangt man auf dem nach Südwesten gerichteten Pfad in die trockensten Grasflächen des Hohentwiels. Das Gras ist schütter, z.T. zeigt sich offener Boden. Man stößt auf Pflanzen, die dem extremen Standort trotzen. Zu ihnen zählt die Gold-Aster, sie blüht erst im Herbst goldgelb auf und ist auf heiße Stellen spezialisiert. Am Hohentwiel kommt sie nur hier vor und zwar in großer Zahl.

Es geht dann weiter bergab durch verbuschtes bzw. bewaldetes Gelände. Offene **Bodenstellen** und felsige Anrisse sind der Lebensraum wärmeliebender Heuschrecken. Die Blauflügelige Ödlandschrecke ist eigentlich durch ihre graubraune Marmorierung gut getarnt; stöbert man sie aber auf, entflieht sie eilig und zeigt im Flug kurz und unerwartet ihre hellblauen Flügel. Auch die Italienische Schönschrecke – die "Schöne Italienerin" – lebt gern auf dem heißen Steinboden, sie ist eine "tierische" Besonderheit des Hohentwiels.

In einem Felsanschnitt sind frei liegende Vulkanbomben zu sehen; klein

Halbtrockenrasen mit Ysop und Kartäusernelke

Ysop

Sonnenröschen

Echtes Labkraut

Krainer Thymian

Gold-Aster

Winterlicher Blick auf den Hohentwiel

Italienische Schönschrecke

Weinbergterrassen

Schwarznessel

wie Murmelkügelchen sind dagegen die steinernen Lapilli, erstarrte vulkanische Auswürflinge.

Unterhalb der Halbtrockenrasenflächen liegen **Weinberge**. Hier werden vielfach prämierte Weine auf Kleinterrassen erzeugt, die erst vor wenigen Jahren angelegt wurden. Ein Blick in die Rebhänge zeigt einiges an "Unkräutern" und Schuttpflanzen: die hoch wachsende Kugeldistel zum Beispiel, deren stachelige Blütenköpfe allerdings nicht so schön blau wie diejenigen der Gartenformen leuchten; außerdem die auffällige Schwarznessel mit dunkelvioletten Blüten und der kleine Rundblättrige Storchschnabel zwischen den Rebzeilen.

Nun taucht man in den **Wald** der felsigen Hohentwiel-Hänge ein, der mitunter durch Blockhalden (Steinschuttbahnen aus Phonolithgestein) unterbrochen wird. Allerdings müssen diese Blockhalden ab und zu vom vordringenden Wald befreit werden. Der Wald, von dem man fast bis zurück zum Ausgangspunkt des Vulkanpfades begleitet wird, ist Bannwald. Seit seiner Einrichtung im Jahr 1923 wird er nicht mehr bewirtschaftet, die Natur kann sich in ihm frei entfalten. Doch handelt es sich (noch) nicht um Urwald. Zu Zeiten der militärischen Bedeutung der Festung hielt man den Berg frei von höherem Bewuchs, weil man ein gut einsehbares Schussfeld brauchte. Erst danach konnte sich, mehr oder weniger ungestört und unterbrochen durch manch erfolglose Aufforstungsbemühung, der heutige Wald entwickeln. Eine Besonderheit ist das Vorkommen des Gelben Windröschens in großen Herden. Es nutzt das Frühjahr und blüht im Wald aus Eschen, Linden, Hainbuchen und Eichen noch vor dem Blattaustrieb. Unter mächtigen Phonolithfelsen vorbei geht es zurück zum Ausgangspunkt beim Domänenhof.

26

Der Plören bei Hilzingen

Unscheinbarer Bergrücken mit überraschender Vielfalt

Bergrücken vulkanischen Ursprungs (Deckentuff, 577 m) westlich von Twielfeld, Gemeinde Hilzingen. Pflanzenarten der Mager- und Halbtrockenrasen; eindrucksvolle Aussichtspunkte

Empfohlene Besuchszeit: Sommer-Halbjahr

Pkw

B 314 Singen – Hilzingen – Tengen, bis zum Verkehrskreisel Twielfeld; Parkmöglichkeit, weiter zu Fuß auf dem Wirtschaftsweg westlich neben der B 314 bis auf die Höhe der Autobahnanschlussstelle; Beginn des u.g. Wirtschaftsweges

Bus

Singen – Hilzingen – Tengen (Fahrplan Nr. 7353), bis Haltestelle Twielfeld; dann ab Verkehrskreisel s.o.

Ziel für Wanderer (markierter Wanderweg)

Hilzingen – Plören – Katzental – Singen (gelbe Raute, blaue Raute); ab dem Waldrand am Fuße des Plören nicht dem Wanderweg folgen, sondern auf dem sich kreuzenden u.g. Wirtschaftsweg zunächst einen kurzen Abstecher bis zum Nordende des Plören, dann in Gegenrichtung nach Süden weitergehen, bis der Wirtschaftsweg auf dem Unteren Plören wieder auf den Wanderweg trifft.

Wegführung (s. Karte)

Wirtschaftsweg entlang des westlichen Hangfußes bis auf den Unteren Plören; Rückweg über einen Fußpfad in der Hangmitte durch den Wald (markierter Wanderweg, westlicher Teil des Plören-Rundwegs); Länge ca. 2,3 km, Höhendifferenz: 80 m; von diesem abzweigend ein schmaler Pfad (Stichweg) zum Gipfelplateau (Oberer Plören) Höhendifferenz insgesamt: 100 m

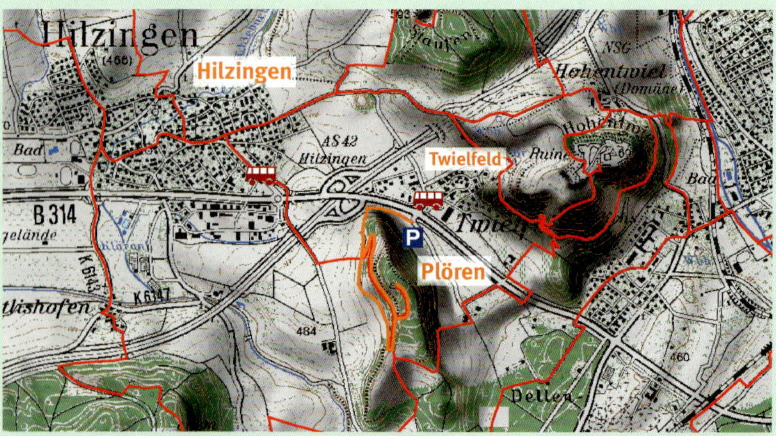

Plören mit Bodensee-Barock Pfarrkirche St. Peter und Paul, Hilzingen

Der **Plören**, ein in Nord-Süd-Richtung langgestreckter Bergrücken, eignet sich hervorragend für Spaziergänge und Erkundungen. Er bietet an einigen Punkten großartige Fernblicke in alle Himmelsrichtungen.

Schon im Vorfeld des Plören – neben dem asphaltierten Wirtschaftsweg, der ab dem Verkehrskreisel bei Twielfeld entlang der B314 in Richtung Nordwesten verläuft – fallen im Spätsommer die vielen hohen, gelbblütigen Exemplare des Raukenblättrigen Greiskrautes auf. Es gleicht sehr dem häufigeren Jakobs-Greiskraut, blüht aber deutlich später. Das Raukenblättrige Greiskraut ist im Hegau einer der auffälligsten Spätsommerblüher.

Ab der frei stehenden Eiche mit Findling (Bank) in Nachbarschaft der Autobahnanschlussstelle beginnt der Wirtschaftsweg entlang des Westhanges. Gleich auf der hohen, steilen Böschung mit **Halbtrockenrasen-Vegetation** blüht im Sommerhalbjahr immer etwas, um das Herz des Blumenfreundes höher schlagen zu lassen. Erwähnt seien nur der Wiesen-Salbei, der Aufrechte Ziest, die Kartäuser-Nelke, der Große Ehrenpreis, die Zypressen-Wolfsmilch und das Blaugrüne Labkraut.

Raukenblättriges Greiskraut

Großer Ehrenpreis

Zypressen-Wolfsmilch

Blaugrünes Labkraut *Ungar. Acker-Wicke*

Hirsch-Haarstrang *Schwalbenwurz*

Grasige, offene Fluren und Gebüschgruppen begleiten den gesamten Weg. Zwei Pflanzenarten sind hier besonders stark vertreten: die Skabiosen-Flockenblume und die Ungarische Ackerwicke. Die letztere, immer seltener werdende Pflanzenart dürfte man wohl nirgends in solchen Mengen zu Gesicht bekommen wie hier am Plören, einem der letzten Wuchsorte der Art in Baden-Württemberg. Die Art ist eigentlich ein Begleitkraut aus den Äckern und daher ein Relikt aus Zeiten, in denen das Plateau des Bergrückens noch ackerbaulich genutzt wurde.

Vom Weg aus kann man immer wieder in die breite, intensiv landwirtschaftlich genutzte **Hilzinger Talwanne** schauen, mit dem Hauptort Hilzingen und dem vorgelagerten, sich immer mehr ausdehnendem Gewerbegebiet. Rechts ist der zweigipfelige Hohenstoffeln sehr gut zu sehen, links der bewaldete Heilsberg, an dessen Rand sich die Autobahn in Richtung Schaffhausen hochzieht.

Im weiteren Verlauf des Weges folgt eine kurze Waldpassage, und danach öffnet sich auf dem plateauartigen Unteren Plören ein ganz neuer Blick, der nach Süden geht und einige hügelig-bergige Waldgebiete zeigt. Der Wirtschaftsweg macht eine Kehre wieder in den Wald hinein, und dann zweigt sofort links ein schmaler Fußpfad durch die Hangmitte ab (markierter Wanderweg, westlicher Teil des "Plören-Rundweges"). Von diesem zweigt wiederum ein Pfad ab für einen Abstecher hinauf zum **Gipfelplateau** mit einer Aussichtsbank. In deren Umkreis findet man einige Pflanzenarten, die besonders im Hochsommer blühen: Den Hirsch-Haarstang, ein recht hoch wachsender Doldenblütler, den man bei flüchtigem Hinsehen mit dem Bärenklau verwechseln kann; die Schwalbenwurz, die in dichten Herden fast einen Reinbestand zu bilden scheint die Acker-Glockenblume, eine Pflanze der Waldwegränder, die durch ihre einseitswendigen, violettblauen Blütenglöckchen auffällt und die Straußblütigen Margerite, die stellenweise in größerer Anzahl vorkommt, eine hohe Pflanze mit vielen Margeritenblüten und – wie der Name sagt – zu einem Strauß gebunden.

Außer den Blumen bringen zur Sommerzeit manche Sträucher eine kräftige rote Farbe ins Grün des Laubes, so die mit roten Beeren geschmückte Heckenkirsche und der

Wollige Schneeball – Sträucher, die bei einer Begehung des Plören immer wieder ins Auge stechen. Durch Lücken des Waldes auf dem Gipfelplateau schaut man direkt auf die Südseite des nah benachbarten Hohentwiels mit den ausgedehnten Rebanlagen des Elisabethenberges (Deutschlands höchstgelegener Weinberg!), die sich vom Fuße des Berges bis zu dessen halber Höhe erstrecken.

Vor Jahrzehnten wurden auf dem Gipfelplateau des Plören magere Ackerflächen und Schafweiden mit Fichten aufgeforstet, weil diese einen schnellen Holzertrag versprachen. Die Bäume stehen aber auf einem ihnen nicht zusagenden Standort, so dass die Rotfäule die Fichtenstämme infiziert hat, das Innere zersetzt und das Holz wertlos macht. Die Lücken im Walde werden wohl immer größer werden, denn Schädlinge und Sturm setzen den Forstpflanzen zu. Die Aufforstungen nahmen dem Plören leider viel von seinen pflanzlichen Besonderheiten.

Über den o.g. Pfad in der Hangmitte kommt man zum Ausgangspunkt zurück (markierter Wanderweg bis zum o.g. Wirtschaftsweg am westlichen Hangfuß). Man kann auch den östlichen Teil des **Plören-Rundweges** nehmen, der allerdings keine Verbindung zum Gipfelplateau hat, aber im Steilhang nach Sturmwurf im Wald und Kahlhieb eine sehr schöne Aussicht auf den Hohentwiel, die Stadt Singen und den Bodensee bietet. Man geht ab dem Unteren Plören zunächst auf dem markierten Wanderweg in Richtung Elisabethenberg – Hohentwiel bis zum Waldrand, und dort auf den in den Steilhang nach links (Norden) abzweigenden Fußpfad (keine Wanderwegmarkierung); dieser erreicht am Nordende des Plören den westlichen Teil des Rundweges. Von hier an Abstieg zum Ausgangspunkt.

Acker-Glockenblume

Rote Heckenkirsche

Reste einer Schanze von 1644 auf dem Plören

Auf dem Plören – auf alten Karten auch "Blaren" genannt – gab es keine mittelalterliche Burg. Dennoch spielte der Plören einmal eine Rolle als Befestigung: Bei der 5. Belagerung des Hohentwiels im 30-jährigen Krieg wurde hier eine **Schanze** errichtet. Bei dieser 5. Belagerung versuchte man die Festung Hohentwiel abzuriegeln, statt zu stürmen. Der Burgenforscher Dr. Michael Losse hat in den letzten Jahren den Standort der Schanze und Reste davon wieder lokalisieren können.

27

Tengen und die Mühlbachschlucht

Zwergstadt, Schlucht und Randen-Grobkalk

Mittelalterliche Stadtanlage mit zwei Stadtrechten auf steilem Bergsporn, Burgruine (Stadt Tengen) und unmittelbar angrenzende Schlucht mit Schluchtvegetation; tertiärer Randengrobkalk als geologische Besonderheit

Empfohlene Besuchszeit: April

Pkw
B 314/B 27 Singen – Tengen – Randen – Blumberg – Donaueschingen; am Tengener Verkehrskreisel nach Süden zum Parkplatz am Rathaus

Bus
- Singen – Beuren – Tengen (Fahrplan Nr. 7353)
- Engen – Tengen (Fahrplan Nr. 7360)

jeweils bis Haltestelle Tengen-Rathaus/Adler

Ziel für Wanderer (markierte Wanderwege)
- Querweg Freiburg-Bodensee: Blumberg – Randen – Riedöschingen – Hoher Rain – Alter Postweg – Engen (rot-weiße Raute auf Gelb); ab dem Hohen Rain (querende Kreisstraße Tengen – Leipferdingen) auf markiertem Wanderweg (gelbe Raute) über Tengen-Dorf zum Rathaus Tengen (B 314 unterqueren)
- Binningen – Weil – Blumenfeld – Tengen (blaue Raute); ab Tengen-Dorf s.u.
- Binningen – Büßlingen – Tengen (gelbe Raute); ab dem Rathaus s.u.
- Schaffhausen – Reiat – Wiechs am Randen – Tengen (gelbe Raute); ab Oberer Mühle gleichlaufend mit u.g. Rundweg

Wegführung (s. Karte)
Zugang zur Schlucht: Vom Rathaus (Parkplatz) nach Süden durch die Altstadt und vorbei an der Ruine der Hinterburg; nach steilem Abstieg in die Schlucht (Eselsweg) zunächst zur Ruine der Oberen Mühle, dann schluchtaufwärts bis zum Ende des Pfades, anschließend auf der Straße zurück in die Altstadt und zum Rathaus; Länge ca. 1,7 km, Höhendifferenz: 85 m

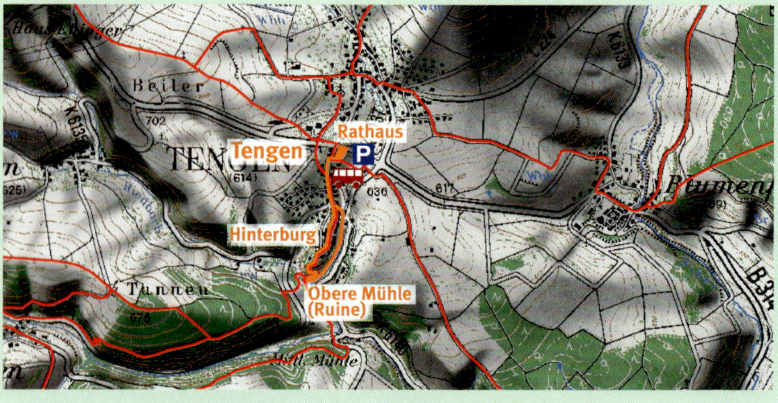

Die Altstadt von **Tengen** ist in ihrer Lage auf einem steilen Bergsporn hoch über der Mühlbachschlucht eine erlebenswerte Idylle. Die bis in das 19. Jahrhundert politisch getrennten Orte "Vordere Stadt" und "Hinterburg" besaßen sehr alte Stadtrechte. Die jetzige Stadt Tengen nimmt aber kaum noch städtische Funktionen im heutigen Sinne wahr, sie ist mit zahlreichen Eingemeindungen, darunter die Zwergstadt Blumenfeld, die ebenfalls eigene Stadtrechte besaß, heute immerhin ein "Kleinzentrum". Die winzige **Altstadt** besteht aus einem, von geschlossener Bebauung umgebenen Straßenmarkt, der nach oben durch ein kleines, aber schmuckes Stadttor abgeschlossen ist. Nach unten hin – zum Ende des Bergsporns – ist der Marktplatz zur Hinterburg mit der 32 Meter hohen Ruine des Bergfrieds offen.

Eine geologische Besonderheit stellt der in der Umgebung der Stadt anstehende **Randen-Grobkalk** dar, benannt nach dem zwischen der Schwäbischen Alb und dem Schweizer Jura vermittelnden Höhenzug des Randens. Das Gestein enthält massenhaft Trümmer von Schneckenhäusern und Muschelschalen und wird daher von Einheimischen als "Muschelkalk" bezeichnet. Diese Meeresablagerung stammt aus dem Tertiär vor ca. 20 Millionen Jahren und hat nichts mit dem viel älteren Muschelkalk-Zeitalter vor ca. 220 Millionen Jahren zu tun. Der Randengrobkalk ist ein hervorragender Baustein (sichtbar z.B. an Tengener Gebäuden und der Herz-Jesu-Kirche in Singen [1909/11] und zudem verwendet an bedeutenden Gebäuden in München, Nürnberg und Berlin; Herstellung von Mühlsteinen). Er wurde im ehemaligen Steinbruch südöstlich der Altstadt gewonnen (1972 stillgelegt). Eine kleine Ausstellung im Tengener Rathaus präsentiert Mühlsteine und geschliffene Steinplatten.

Mühlbachschlucht

Ruine der Oberen Mühle

Unmittelbar östlich des hohen Bergsporns mit der Altstadt verläuft steil eingetieft die **Mühlbachschlucht**. Sie ist durch einen Pfad mit Stufen und Brücken erschlossen und recht gut begehbar. Felsen, ein Wasserfall sowie die Ruine der Oberen Mühle mit funktionierendem Wasserrad und einer Grillstelle geben der Schlucht einen romantischen Reiz. Der steile Eselsweg von der Hinterburg hinunter zur Oberen Mühle diente früher dem Transport des Korns und der Wasserversorgung. Auch war er der einzige Zugang zur hinteren Stadt, wenn diese gerade Krieg gegen die vordere führte.

Die beste Besuchszeit der Mühlbachschlucht ist sicher der April, wenn die Waldbäume noch nicht belaubt sind, aber andererseits ein dichter, grüner Teppich frischer Kräuter und Gräser den Boden bedeckt. Zu dieser Zeit blühen die vielen Kissen

Gold-Hahnenfuß

Lungenkraut

Bleiches Knabenkraut

Ausdauerndes Bingelkraut

Alpen-Johannisbeeren

Kleines Immergrün

des Scharbockskrautes. In großer Zahl haben auch Gold-Hahnenfuß, Lungenkraut, Buschwindröschen, Wald-Sauerklee und Frühlings-Platterbse im Wald ihre Blüten entfaltet. Eher unscheinbar mit grünen Blütchen ausgestattet ist das Wald-Bingelkraut. Unscheinbar blühend sind auch die Alpen-Johannisbeeren und die Wilden Stachelbeeren – sie fruchten erst, wenn das Blätterdach des Waldes geschlossen ist.

Das seltene Bleiche Knabenkraut, eine schöne Waldorchidee, kann direkt neben dem Pfad stehen. An den zahlreichen Felsen entdeckt man viele wintergrüne Exemplare des Streifenfarns. Größere Teppiche des Immergrün mit den zart violetten Blüten bedecken den Waldboden. Diese Pflanze ist in Wäldern immer ein Hinweis auf eine nahe gelegene Burg, denn sie gilt als "Burggarten-Flüchtling". Selbst wenn die Burg wie etwa die Tengener Hinterburg längst zur Ruine geworden ist, hält sie sich im Wald.

Die **Hinterburg** selbst ist besuchenswert. Bei der Ruine mit einem markanten Bergfried sind oft Dohlen zu hören und zu sehen. Im Sand unter schützenden Felsdächern kleiner Gesimse kann man Unerwartetes finden. In den lockeren Sand sind unscheinbare, kaum 5 cm breite Trichter eingelassen; oft liegen mehrere dicht nebeneinander. Sie stammen vom Ameisenlöwen, der Larve der Ameisenjungfer, einem kleinen Insekt. Die Larve gräbt sich am Grunde des Trichters in den Sand ein und lauert aus dem Versteck heraus auf Beutetiere. Sobald eine Ameise in den Trichter gelangt, bringt der Ameisenlöwe das Tier mit Sandwürfen zum Abstürzen, um es dann am Trichtergrund zu ergreifen und zu verschlingen. Man kann die Ameisenlöwen mit einem Grashalm reizen, so dass sie die vermeintlichen Ameisen mit Sand bombardieren.

28

Alter Postweg nordwestlich Watterdingen

Panoramaweg auf der Dachterrasse des Hegaus

Historischer Fahrweg auf dem langgestreckten Höhenzug zwischen Aitrach- und Bibertal (ca. 770 – 800 mNN), ca. 1,5 km nördlich Watterdingen (Stadt Tengen)

Empfohlene Besuchszeit: Sommerhalbjahr, im Winter bei Inversionswetterlage

Pkw

L 224 Engen – Tengen, bis Watterdingen; dann K5923 in Richtung Leipferdingen bis auf die bewaldete Anhöhe Duggenhart (Parkplätze, Alter-Postweg-Hütte)

Bus

Engen – Tengen (Fahrplan Nr. 7360, bis Haltestelle Watterdingen-Rathaus; weiter zu Fuß auf u.g. Wanderweg Watterdingen – Bucherhof (gelbe Raute, ca. 2,7 km)

Ziel für Wanderer (markierte Wanderwege)

- Querweg Freiburg-Bodensee (Europäischer Fernwanderweg Nr.1): Blumberg – Randen – Engen (rot-weiße Raute auf Gelb); zwischen Duggenhart und Napoleonseck auf u.g. Weg
- Büßlingen – Tengen – Duggenhart (gelbe Raute, blaue Raute; rot-weiße Raute auf Gelb)
- Watterdingen – Bucherhof (gelbe Raute); weiter auf dem Querweg Freiburg-Bodensee

Wegführung (s. Karte)

Fernweg, Streckenabschnitt zwischen Duggenhart und dem Napoleonseck (markierter Wanderweg; zu Fuß oder per Fahrrad); der Weg ist breit, eben und nicht asphaltiert (auch für Spaziergänge geeignet). Länge ca. 3,2 km

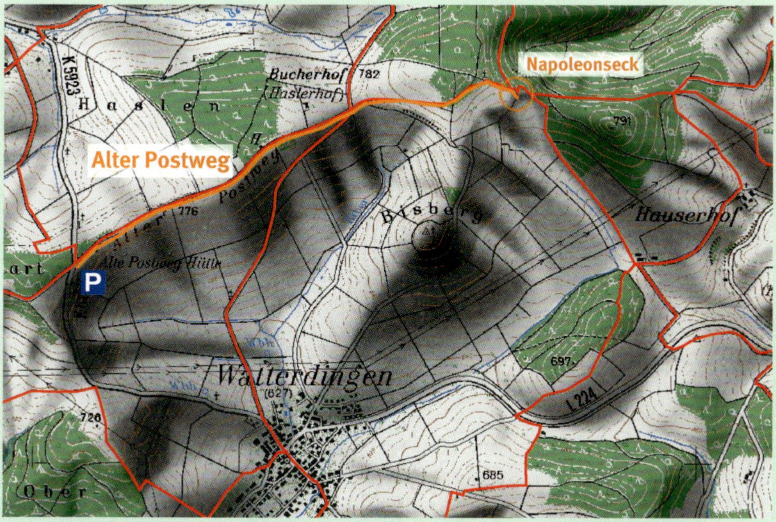

Sichelklee

Acker-Wachtelweizen

Der besondere Reiz des Alten Postweges liegt in dem e**inzigartigen Ausblick** auf die großen **Vulkankegelberge** und den in der Ferne liegenden Bodensee, außerdem im großen Blumenreichtum der Bereiche beiderseits des Weges während des Sommers. Es lohnt sich aber, den Alten Postweg bei jeder Jahreszeit zu begehen – sogar im Winter, wenn in den Niederungen der Nebel liegt und nur die Gipfel der Hegauberge aus dem Nebelmeer ragen – ein phantastischer Blick bei Inversionswetterlage mit sonnigem Himmel!

Der **Alte Postweg** war zur Postkutschenzeit die bedeutende Ost-West-Verbindung zwischen den damals vorderösterreichischen Verwaltungsstädten Freiburg und Stockach. Am östlichen Ende unserer Wanderstrecke, wo der Postweg auf den Wald trifft, befindet sich das sogenannte "Napoleonseck". Dass Napoleon persönlich hier Anfang Mai 1800 einen Gefechtsstand eingerichtet haben soll, entspricht nicht der historischen Wahrheit. Aber an dieser Stelle waren besonders heftige Kämpfe einer Schlacht im 2. Koalitionskrieg, der "Schlacht von Engen". Bei dieser Schlacht (3. Mai 1800) kamen rund 2.000 Mann ums Leben, weitere 2 bis 3.000 wurden verwundet. Damit war sie das blutigste Ereignis, das jemals im Hegau stattfand. In Paris, am Arc de Triomphe, erinnert noch heute der Name "Engen" an den französischen Sieg.

Der Alte Postweg zeigt das, was heute in Zeiten landwirtschaftlicher Intensivproduktion leider eine Rarität ist: der Weg ist von breitem, extensiv bewirtschaftetem Grünland mit sehr vielen Blumen oder von Gebüschgruppen eingefasst. Die **Wiesen** werden einmal im Jahr gemäht. Gleiches gilt auch für einige Magerwiesen am südexponierten Hang in direkter Nachbarschaft zum Alten Postweg.

In der sommerlichen Blütenfülle fallen insbesondere auf: Die Wiesen-Flockenblume kommt mit ihren purpurrosafarbenen Blumen massenhaft auf den Wiesen vor. Ähnlich ist die Skabiosen-Flockenblume, sie ist insgesamt größer und ihre Blüten sind kräftiger rotviolett gefärbt; sie bevorzugt die eher trockenen Standorte. Der Sichelklee erinnert mit seinen gelben Blüten an die Luzerne; die Pflanzen liegen zumeist im hohen, strohigen Gras und sind am Postweg recht häufig. Durch die leuchtend purpurroten Blüten ist die Kartäuser-Nelke sehr auffällig, sie bevorzugt trockene Stellen am Wegrand oder auf Rainen. Ebenfalls mit purpurroter Farbe ins Auge stechen die Blütenstände des Acker-Wachtelweizens; nirgends im Gebiet dürfte es von dieser prächtigen Pflanze so viele Exemplare geben wie hier. Die Blüten sind eigentlich klein und gelb, aber der gesamte obere Teil der Pflanze – der Blütenstand – ist knallig purpurn gefärbt. Der Wiesen-Salbei dominiert hier im Frühling; er ist die Charakterpflanze magerer und trockener Wiesen. Da heute fast alle Wiesen in gut wüchsige, grasreiche Wiesen umgewandelt werden, verschwindet der blaue Wiesensalbei immer mehr. Im Hegau und am westlichen Bodensee findet man den Wiesen-Salbei aber noch erfreulich oft. Der Gold-Kälberkropf blüht im Frühjahr und ist einer der vielen weißblütigen Doldenblütler, die nur schwer zu unterscheiden sind. Erwähnt sei er nur deshalb, weil er am Alten Postweg besonders stark vertreten ist. Die Kleine Pimpinelle, ein weiß blühender und zierlicher Doldenblütler, ist in der zweiten Sommerhälfte in den Magerwiesen zu erkennen, weil sie die zarten Dolden über die schon teilweise trockene Vegetationsdecke streckt. Der Pastinak, ein weiterer Doldenblütler, ist im Sommer leicht zu bestimmen, denn nur wenige Doldenblütler blühen grünlichgelb (ähnlich dem Dill und Fenchel in unseren Gärten). Bereits im zeitigen Frühjahr bescheren die Schlehen-Büsche dem Alten Postweg eine große Blütenpracht; sie ist allerdings nicht von langer Dauer.

Wo viele Blüten sind, findet man auch viele **Insekten**. Davon seien stellvertretend einige Tagfalter herausgegriffen: die gemeinen Weißlinge ebenso wie bunte Tagfalter, etwa der Distelfalter, Admiral und Scheckenfalter; zudem die kleinen, aber feinen Bläulinge und die Blutströpfchen, die oft wie angewachsen auf den Blumen sitzen. Die **Vögel** bevorzugen die Hecken und Gebüsche. Eine Vogelart hört man von den Sträuchern her durch das ganze Sommerhalbjahr: die Goldammer. Wegen des großartigen Weitblicks kann man den eleganten Gleitern aus der Vogelwelt im Sommer lange zuschauen – wie zum Beispiel dem Schwarzmilan. Das Gebiet beim Alten Postweg ist auch eine der letzten Zufluchtsstätten der Rebhühner im Hegau.

Hegau-Panorama vom Alten Postweg aus

Wiesen-Salbei

Gold-Kälberkropf

Distelfalter

Blutströpfchen auf Skabiose

Hauhechel-Bläuling

29

Hegaublick und Neuhewen

Majestätischer Aussichtspunkt und höchster Berg des Hegaus

Gebirgssattel Hegaublick ("Absetze") nahe des Neuhewens (höchster Berg des Hegaus, vulkanischen Ursprungs [Basalt], 864 m); 0,5 km nördlich Stetten (Stadt Engen); Pflanzenarten im Bergwald; Geologie; Burgruine; Aussicht nur vom Hegaublick aus

Empfohlene Besuchszeit: Sommer-Halbjahr

Pkw
L 191 (vormalige B 31/B 33) Engen – Kirchen-Hausen, bis Hegaublick; Parkplätze

Bus
Stadtbus Engen, Linie 2 Engen – Stetten (nur montags bis freitags), bis Haltestelle Hegaublick oder Stetten-Burgstraße

Ziel für Wanderer (markierte Wanderwege)
- Schwarzwald-Jura-Bodensee-Weg: Immendingen – Mauenheim – Neuhewen – Engen (grüne Raute auf Gelb), zwischen Hegaublick und dem u.g. Forstweg südlich des Neuhewen-Gipfels gleichlaufend mit der u.g. Rundwanderung
- Tengen – Hoher Rain – Alter Postweg – Stetten – Neuhewen – Hegaublick – Alte Straße – Engen (gelbe Raute, rot-weiße Raute auf Gelb, grüne Raute auf Gelb); ab u.g. Forstweg südlich des Neuhewen-Gipfels über den Neuhewen bis zum Hegaublick gleichlaufend mit der u.g. Rundwanderung (Gegenrichtung)

Wegführung (s. Karte)
Rundwanderung ab dem Hegaublick (Gebirgssattel im Zuge der L 191 [vormalige B 31/B 33]) zwischen Geisingen und Engen ausschließlich auf markierten Wanderwegen; zunächst gegenüber dem Gasthaus "Hegaustern" auf dem Grasweg in den Wald bis zu einem Forstweg; diesem nach Südwesten aufwärts folgen, bei der Wegegabelung den Wanderweg nach rechts nehmen (grüne Raute auf Gelb, z.T. rutschiger Weg!); vom Gipfel des Neuhewen (Ruine) auf dem Fußpfad steil abwärts nach Süden in Richtung Stetten bis zum ersten querenden Forstweg; diesem nach Nordosten folgen bis zum einmündenden Weg vom Gasthaus "Hegaustern" her (Streckenteil vom Anfang der Rundwanderung); Länge: 1,7 km; Höhendifferenz: 70 m

Der **Hegaublick** (der alte Name war "Absetze") ist ein passartiger Gebirgsübergang über die Schwäbische Alb zwischen Geisingen und Engen und damit von der Baar in den Hegau. Die Straßenverbindung vom Oberrhein und Schwarzwald zum Bodensee war von beachtlicher Bedeutung, bis die Autobahn A 81 Stuttgart – Westlicher Bodensee gebaut worden ist (Gesamteröffnung 1978). Seither ist es hier deutlich ruhiger geworden. Der Hegaublick ist nun mit seinen Restaurants ein stark frequentierter Treffpunkt der Motorradfahrer.

Geblieben ist der überraschende Ausblick, wenn man im Auto von Norden her auf den knapp 800 m hoch gelegenen Bergsattel kommt: plötzlich öffnet sich das Blickfeld weit, man sieht den Bodensee und viele bewaldete Höhen, dazwischen die markanten Vulkanberge des Hegaus, allen voran den Hohenhewen, der sich über das schmucke Städtchen Engen erhebt. Mit besonderem Glück – etwa an Föhntagen – ist der Horizont hinter dem Bodensee gerahmt von den österreichischen und Schweizer Alpengipfeln.

Vom nahegelegenen und von einer Burgruine gekrönten Neuhewen gibt es dagegen zur Zeit überhaupt keine Aussicht, obwohl er der höchste Hegauberg ist. Er zählt zur westlichen, aus Basaltschloten bestehenden Reihe der Hegauvulkane, hebt sich aber nur hügelartig aus seiner unmittelbaren Umgebung heraus und fällt daher im Gegensatz zu den markanten Kegelbergen nicht besonders auf. Bei ihm wurde im Gegensatz zu den anderen die Ummantelung des Vulkanschlotes nicht durch die eiszeitlichen Gletscher beseitigt und die umgebende Erdoberfläche auch nicht durch andere Erosionskräfte wesentlich tiefer gelegt. Die Erdoberfläche hat in Bezug auf den Neuhewen noch fast die

gleiche Höhenlage wie zur Zeit der vulkanischen Tätigkeit im Tertiär vor ca. 10 Mio. Jahren. Der Neuhewen sitzt nicht direkt auf dem Malm (Weißjurakalkstein) der Schwäbischen Alb, sondern auf Juranagelfluh, einem Gesteinsmaterial, das vormals den Schwarzwald überdeckt hatte, dann im Laufe des Tertiärs hierher transportiert und auf dem Juragestein abgelagert wurde.

Die Rundwanderung über den Neuhewen hat für den Pflanzenfreund einiges zu bieten. Bereits am Anfang sieht man gegenüber dem Gasthaus "Hegaustern" auf der anderen Straßenseite zwei **kleine Teiche**, die in Form einer Brille miteinander verbunden sind. Einer der Teiche wird von der Krebsschere eingenommen, einer seltenen Wasserpflanze, die eher in Norddeutschland verbreitet und hier sicher angepflanzt worden ist. Die Teiche befinden sich in einem Feuchtwiesen-Areal, das man auf der Höhe nicht vermutet hätte. Das gelb blühende Wasser-Greiskraut, die Kohldistel und das hübsche Sumpf-Vergissmeinnicht sind die typischen Feuchtwiesenvertreter. Jenseits der Straße ist das Gegenteil zu finden: eine blumenreiche, eher trockene **Ma-**

Krebsschere

Wasser-Greiskraut

Kohl-Distel

Wilde Möhre

Türkenbund

Quirlblättriger Weißwurz

Wald-Weidenröschen

gerwiese mit vielen Margeriten, Rot-Klee, Schafgarbe, Braunelle, Hopfenklee, Wilde Möhre, Acker-Witwenblumen, usw.

Anschließend geht es in den nahen **Wald** und dann bergauf zur Ruine der Burg Neuhewen, auch "Stettener Schlössle" genannt. Vorsicht: der Weg, aus welchem immer wieder Basaltbrocken hervorragen, ist bei nassem Wetter lehmig-glitschig und schlecht begehbar! Die baufällige und dringend sanierungsbedürftige Burgruine ist eingezäunt und darf nicht betreten werden. Da der Bergfried nicht mehr bestiegen werden kann, bietet der bewaldete Gipfel des Neuhewen leider keine Aussicht mehr. Eine Sanierung ist beabsichtigt.

Seitlich der Waldwege zeigt sich eine ganz ähnliche Vegetation wie an den Hegaubergen Hohenstoffeln und Hohenhewen. So gibt es auch hier den Türkenbund. Manche Pflanzenarten, die ihren Schwerpunkt auf der Schwäbischen Alb haben, sind stark vertreten, so z.B. eine der schönsten Storchschnabel-Arten, der Wald-Storchschnabel, dessen große, rosafarbene Blüten eine weißliche Mitte besitzen. Häufig ist auch die Quirlblättrige Weißwurz, die besonders im frühen Herbst auffällt, wenn ihre Laubblätter gelb werden und in hübschem Kontrast zu den roten Beeren stehen. Dort, wo der Wald nach Forstarbeiten licht ist, breitet sich das Wald-Weidenröschen mit hohen, leuchtend rosafarbenen Blütenständen aus – eigentlich eine unserer schönsten Blütenpflanzen. Sie besiedelt gerne die nach der Holzernte freien Stellen, um nach wenigen Jahren wieder den aufwachsenden Bäumen Platz zu machen. Auf dem Weg zum Schlössle begegnet man dem recht zahlreichen Wald-Bingelkraut und dem stets rasig wachsenden und wintergrünen Immergrün.

30

Die Kreuzhalde bei Bargen

Die "Schafweide Bargen" – ein einmaliger Reliktstandort

Hügelkuppe vor dem südöstlichen Ortsrand von Bargen (Stadt Engen); Pflanzenarten eines Reliktstandortes

Empfohlene Besuchszeit: *Frühling, Sommer*

Pkw
L 225 Engen – Mauenheim – Immendingen, bis zum Sportplatz Bargen am südlichen Ortsrand (Parkmöglichkeit)

Bus
Stadtbus Engen, Linie 2 (nur montags bis freitags): Bahnhof Engen – Mauenheim – Stetten, bis Haltestelle Bargen; dann zum südlichen Ortsrand

Ziel für Wanderer (markierte Wanderwege)
Engen – Bargen – Bahnhof Hattingen – Immendingen (gelbe Raute); an der Kreuzhalde gleichlaufend mit Teilstrecke des u.g. Rundganges

Wegführung (s. Karte)
Rundgang ab Sportplatz am südlichen Ortsrand; zunächst auf dem Sträßchen (markierter Wanderweg; kaum Autoverkehr) nach Osten und gleich nach Süden ausholend die Kuppe der Kreuzhalde umrunden; oben auf der Kuppe am Waldrand nach Westen auf dem Wirtschaftsweg (ohne Wanderwegmarkierung) abwärts in das Bachtal (ggf. dort kurzer Abstecher talaufwärts bis zum Schafstall) und zurück zum Ausgangspunkt; Länge ca. 1,2 km, Höhendifferenz: 50 m

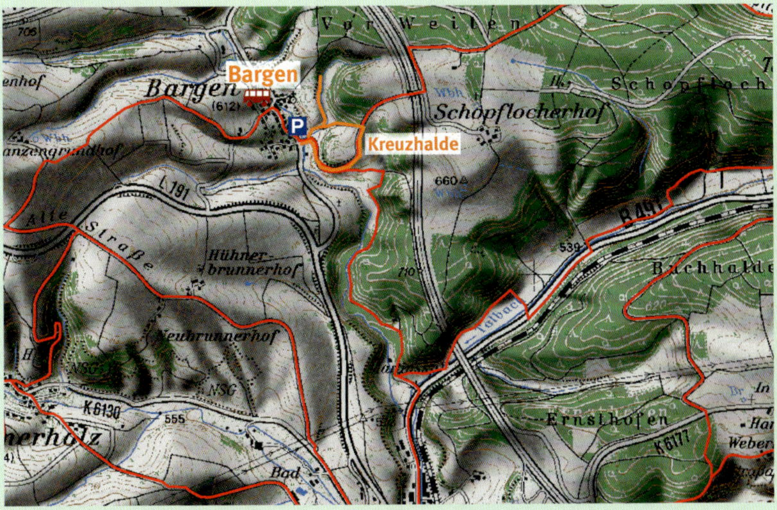

Kreuzhalde bei Engen-Bargen

Echte Schlüsselblume

Reckhölderle (Rosmarin-Seidelbast)

Alpen-Maßliebchen

Fliegen-Ragwurz

Die **Kreuzhalde** ist eine eher unauffällige Kuppe am südöstlichen Rand des Dorfes Bargen (Teilort der Stadt Engen). Sie hat eine große Vielfalt an z.T. seltenen Pflanzenarten zu bieten. Das haben wir einer interessanten Landschaftsgeschichte zu verdanken. Bei der Kreuzhalde handelt sich um einen Pflanzen-Standort, wie er am Ende der letzten Eiszeit vor etwa 10.000 Jahren für den Hegau typisch war. In jener Zeit sahen wohl weite Teile des Hegaus so aus wie diese kleine sogenannte Reliktfläche. Ein "Relikt" ist ein Überbleibsel, in diesem Fall einer Pflanzen- oder Tierart, die sich aus früheren Zeiten mit anderen Lebens-, insbesondere Klimabedingungen bis in die Gegenwart erhalten hat. Kurz nach der Eiszeit sahen die "Wälder" anders aus als heute, sie waren licht und bestanden überwiegend aus Kiefern. Erst später dehnten sich die Laubgehölze – allen voran die Rotbuche – immer stärker aus. Die bunte Pflanzengesellschaft der lichten Kiefernwälder wurde im wörtlichen Sinne immer mehr an den Rand gedrängt. So wurde die Kreuzhalde auch wegen der besonderen geologischen Verhältnisse ein Rückzugsgebiet zahlreicher, oft kleinwüchsiger Arten, die hier seit den nacheiszeitlichen Wärmeperioden überdauert haben – darum sind solche Reliktstandorte aus wissenschaftlicher Sicht so wertvoll.

Was man beim **Rundgang** (am besten im Gegenuhrzeigersinn) an der Kreuzhalde vom Weg aus sieht, ist beeindruckend. Bleiben Sie bitte auf den Wegen, da die Flächen als Naturdenkmal geschützt sind. Auf dem flachgründigen, oft austrocknenden Kalkboden, tun sich viele Waldbäume schwer.

Die Wald-Kiefer kommt mit dem schwierigen Bedingungen an der Kreuzhalde noch am besten zurecht.

Die Kiefern bilden aber nur einen lockeren Bestand; unter den Bäumen breiten sich niederwüchsige, **artenreiche Rasen** aus, die wegen der früher betriebenen Beweidung noch offen sind.

Im Frühjahr zählt die Arznei-Schlüsselblume zu den ersten Blühern an der Kreuzhalde; sie reckt ihre goldgelben Blüten über das noch strohige Altgras empor. Ebenfalls zeitig erblüht das Reckhölderle, auch Rosmarin-Seidelbast genannt. Der kleine Zwergstrauch zählt zu den ganz typischen Pflanzen der Reliktstandorte im nördlichen Hegau. Die Blüten erscheinen im Mai und duften sehr fein. Wer seine Nase einmal in ein blühendes Polster des Reckhölderles gehalten hat, wird es so schnell nicht vergessen. Eine andere interessante Pflanze ist das Alpen-Maßliebchen. Es steht im Mai in Blüte und ähnelt sehr dem Gänseblümchen, ist aber viel größer. Ebenfalls im Mai findet man die Fliegen-Ragwurz, eine Orchidee. Die zarte Pflanze ist in der Vegetation leicht zu übersehen. Ihre Schönheit zeigt sich wegen der Kleinheit der Blüte erst bei näherer Betrachtung. Die Blüte täuscht als Imitation eines Insektenweibchens die Männchen und lockt diese zur unfreiwilligen Bestäubung an. Wesentlich größer und dadurch auch auffälliger sind die rosagefärbten, glockigen Blüten des Immenblattes. Sie ist an den Wald- und Waldwegrändern im Hegau oft zu finden. Im Spätfrühjahr schließlich folgen im Blütenreigen an der Kreuzhalde die schönen, gelben Blumen des Ochsenauges.

Der Sommeraspekt der grasigen Hänge wird bestimmt von den hellen, grüngelben Blüten des Sichelblättrigen Hasenohrs, eines Doldenblütlers. Seine Blätter sind länglich und erinnern in den Umrissen an ein kleines Hasenohr! Zwischen dem Gras, das bereits weitgehend vertrocknet ist, und den Massen des Sichelblättrigen Hasenohrs entdeckt man immer wieder die liegenden Pflanzen der Kriechenden Hauhechel mit ihren schönen rosa-weißen Blüten. Jetzt streckt auch die Kugelblume die kleinen, blauen Blütenköpfe in die Höhe. Sie kann Trockenheit sehr gut ertragen, weshalb sie oft in langen regenlosen

Ochsenauge

Immenblatt

Kriechende Hauhechel

Sichelblättriges Hasenohr

Kalk-Aster

Dürrwurz

Edel-Gamander

Wildbirne

Großes Ochsenauge (Schmetterling)

Großer Kohl-Weißling (Schmetterling)

Perioden die einzige ist, die in der Vegetation noch nicht abgestorben ist.

Zum Spätsommer hin blühen immer mehr Kalk-Astern auf, so dass deren zart-violette Blumenfarbe schließlich aspektbestimmend ist. Groß und alles andere überragend sind die steil aufrechten Pflanzen der Dürrwurz. Der Name rührt daher, dass die strohigen Dürrständer dieser Pflanze im Winter noch lange stehen bleiben. Den gelben Blütenköpfen dieser Pflanzenart fehlen die gelben, attraktiven Strahlenblüten. Am **Waldrand** findet man auch – meist strauchartig – die Wildbirne. Wenn ein leuchtend roter Blattfleck vom Gitterrost auf einem Blatt zu sehen ist, muss es sich untrüglich um die Wildbirne handeln. Auf den Nahbereich zum Waldrand konzentriert sich der Edel-Gamander mit seinen glänzenden, wintergrünen Blättern und den schönen, rosafarbenen Lippenblüten.

Bei einer solchen Pflanzenvielfalt ist es nicht verwunderlich, dass gerade an sonnigen Sommertagen an der Kreuzhalde das **Insektenleben** reich ist. Sehr viele bräunliche Falter fliegen dann auch an blumenreichen Wegabschnitten. Es sind zumeist Ochsenaugen. An der Kreuzhalde bekommt man also sowohl das pflanzliche als auch das tierische Ochsenauge zu sehen!

Erst in den letzten Jahren standen Gelder für die staatliche Naturschutzverwaltung bereit, um mit Pflegemaßnahmen die Reliktstandorte im Hegau vor dem völligen Zuwachsen zu bewahren. Wichtigstes Objekt der Bemühungen war die Kreuzhalde bei Bargen. Jetzt trägt die Schafhaltung neben der Mahd und der Gehölzreduzierung dazu bei, diese Kostbarkeit zu erhalten. Die "Schafweide Bargen" wird auch von PLENUM gefördert.

31
Das Naturschutzgebiet Ramberg-Rehletal

Frauenschuh-Paradies in den Nordhegauer Waldtälern

Naturschutzgebiet an der Kreisstraße Engen – Talmühle – Hattingen, knapp 2 km ab Talmühle (Stadt Engen). Orchideen; zahlreiche andere schutzbedürftige Pflanzenarten

Empfohlene Besuchszeit: Mai/Juni

Pkw
B 491/K 6179/K 5944 Engen – Talmühle – Hattingen – Möhringen (- Tuttlingen), bis Parkplatz ca. 800 m oberhalb des Straßentunnels durch den Eisenbahndamm

Bus
Engen – Bargen (Stadtbus Engen, nur montags bis freitags), ab Bargen zu Fuß auf u.g. Wanderweg

Ziel für Wanderer (markierte Wanderwege)
- Engen – Talmühle – Bahnhof Hattingen – Immendingen (blaue Raute); ab Ottengrund (ab Talmühle ca. 1,5 km talaufwärts) auf der Wanderweg-Nebenstrecke (gelbe Raute) durch das Rehletal (Beginn ca. 750 m nach dem Straßentunnel am o.g. Parkplatz) bis Hohe Wacht, dann wieder auf der Hauptstrecke (blaue Raute) weiter nach Bhf. Hattingen
- Engen – Bargen – Rehletal (gelbe Raute), durch den Straßentunnel, s.o.

Wegführung (s. Karte)
Auf der Forststraße im Talgrund (markierter Wanderweg; geeignet für Familienspaziergänge) ab Parkplatz an der Kreisstraße talaufwärts bis zum Anstieg zur Hohen Wacht; im hinteren Talbereich kleine seitliche Pfade zu den schutzbedürftigen Pflanzenstandorten (geländerartige Abschrankungen; im Sommerhalbjahr Erläuterungstafeln)

Frauenschuh

Wolfsmilch-Arten: Zypressen-Wolfsmilch

Warzen-Wolfsmilch

Mandelblättrige Wolfsmilch

Süße Wolfsmilch

Das **Naturschutzgebiet Ramberg-Rehletal** ist wohl zu jeder Jahreszeit ein Erlebnis – ganz besonders aber zur Zeit der Frauenschuh-Blüte Ende Mai/Anfang Juni, und dies nicht nur für den Orchideenliebhaber, sondern auch für jeden anderen Besucher, der Blumen liebt. Der Frauenschuh ist vielleicht unsere schönste Wildpflanze; sie vermittelt einen vollkommen exotischen Eindruck, obwohl sie hier in einem fast normalen mitteleuropäischen Wald vorkommt. In diesem Fall ist allerdings nicht die Holzproduktion oberstes Ziel; der Wald wird vielmehr immer wieder ausgelichtet, was auch dank einer aufgeschlossenen Forstverwaltung möglich wurde. So kann die Sonne immer wieder bis zum Boden gelangen und die Bodenpflanzen mit dem notwendigen Licht versorgen. Unter solchen Vorraussetzungen konnte sich eine artenreiche Bodenvegetation ausbilden, in der je nach Jahreszeit immer etwas anderes blüht und fruchtet.

Besucher dieser gelenkten Natur werden hier nicht ausgesperrt, im Gegenteil: sie werden über all das informiert, was in der Kraut- und Strauchschicht wächst. Etwa 150 Holztäfelchen (nur im Sommerhalbjahr aufgestellt), jedes liebevoll handgearbeitet, helfen gerade dem Laien, die einzelnen Pflanzenarten zu identifizieren. Das Naturschutzgebiet Ramberg-Rehletal ist ein idealer Ort, an dem man seine Artenkenntnis auf Grund der Beschilderung der hier natürlich vorkommenden Pflanzen vertiefen kann. So kann man zum Beispiel hier allein vier Wolfsmilch-Arten kennen und unterscheiden lernen, die fast zur gleichen Zeit blühen und sich recht ähnlich sind: die Zypressen-Wolfsmilch, die Warzen-Wolfsmilch, die Mandelblättrige Wolfsmilch und die Süße Wolfsmilch.

Um die pflanzlichen Kostbarkeiten in voller Pracht zu erleben, muss man sich am Anfang der Forststraße etwas gedulden; man muss ein Stück weit in den hinteren Teil des Tales hineingehen, wo das eigentliche Paradies des Frauenschuhs liegt. Die Pflanzen stehen dort direkt am Weg bzw. an den seitlichen Pfaden, so dass man beim Betrachten und Fotografieren keinen Schaden anrichtet.

Außer dem Frauenschuh fallen zur gleichen Jahreszeit zwei weitere Orchideen besonders ins Auge: das Schwertblättrige Waldvögelein mit seinen rein weißen Blüten sowie die fahlfarbene Nestwurz, die wohl nur Orchideenkenner richtig ansprechen. Es handelt sich um eine Schmarotzerpflanze, die andere Pflanzen anzapft und deshalb auf das grüne Chlorophyll verzichten kann. Nach der Frauenschuh-Blüte kommt das im Gebiet sehr stark vertretene Immenblatt zur Blüte. Dessen große Blüten in den Farben Rosa, Weiß und Purpur werden immer wieder für Orchideenblüten gehalten. Ein Liebling bei der hiesigen Bevölkerung ist der Rosmarin-Seidelbast, den man liebevoll das Reckhölderle nennt. Diese Pflanze ist eine Besonderheit der südwestlichen Alb sowie von Teilen Bayerns, und abgesehen von Auspflanzungen in Gärten generell eine Rarität. Es ist nicht die Einzelblüte, die den Reiz ausmacht, sondern die Häufung der vielen kleinen, erdnahen, rosafarbenen Blüten.

Im südlichen oberen Teil des Gebiets blühen an zwei Stellen Herden des Alpen-Maßliebchens. Das sind keine in die Höhe geschossene Gänseblümchen; die echten Gänseblümchen blühen als Trittpflanzen auf Wegen. Das Buchsblättrige Kreuzblümchen hat, aus der Nähe betrachtet, sehr schöne Blumen. Es ist aber selten am Weg zu finden. Alpen-Maß-

Schwertbl. Waldvögelein

Nestwurz

Immenblatt

Reckhölderle

Alpen-Maßliebchen

Buchsblättriges Kreuzblümchen

Alpen-Heckenkirsche *Felsen-Kreuzdorn*

Wunder-Veilchen *Grünliche Wald-Hyazinthe*

Küchenschelle

Haselwurz

liebchen und Buchsblättriges Kreuzblümchen sind typische Alpenblumen. Hier im Randbereich der Schwäbischen Alb bilden sie ein isoliertes Vorkommen, es sind Reliktpflanzen aus der letzten Eiszeit (Würm-Eiszeit, vor etwa 20.000 Jahren). Als damals die Gletscher den gesamten Alpenraum bedeckten, war dort für Pflanzen kein Lebensraum mehr. Die Alpenpflanzen wurden von den Gletschern weit nach Norden "vertrieben". Mit dem Rückzug der Gletscher in das Hochgebirge kehrten auch die Alpenpflanzen in ihre ursprüngliche Heimat zurück. Relikte dieser Arten blieben jedoch in ihren ehemaligen Zufluchtsstätten.

Das Naturschutzgebiet Ramberg-Rehletal bietet weitere pflanzliche Besonderheiten, die dem Laien weit weniger auffallen, für den Pflanzenkenner aber erwähnt werden sollen: Die Alpen-Heckenkirsche (ebenfalls eine Reliktpflanze), der Felsen-Kreuzdorn, die Filzige Zwergmispel und das Wunder-Veilchen. Schließlich seien noch markante Blüher erwähnt, die zur Zeit der Frauenschuh-Blüte nicht mehr oder noch nicht blühen: Die Küchenschelle, das Leberblümchen, die Frühlings-Platterbse, die Grünliche Waldhyazinthe und der Gelbe Enzian. Im Winter fällt das bodennahe, glänzend grüne Laub der Haselwurz ganz besonders auf. Es ist oft vergesellschaftet mit den dreilappigen, unverwechselbaren und ebenfalls wintergrünen Blättern des Leberblümchens. Und dann ist noch das Maiglöckchen da; es blüht zur gleichen Zeit wie der Frauenschuh. Auch das kleine Schwesterchen des Maiglöckchens, das Schattenblümchen, zeigt zu dieser Zeit seine Blütchen, wenn es auch weit seltener vorkommt als seine große Schwester.

32

Das Hewenegg

Vergessener unter den sieben großen Hegau-Vulkanen

Vulkanberg (Basalt, 798 m), ca. 3 km südlich Immendingen; künstlicher Krater durch Basaltabbau im 20. Jahrhundert; Magerwiesen, Halbtrockenrasen, Pflanzenarten des Waldes, Geologie; Naturschutzgebiet

Empfohlene Besuchszeit: Sommer

Pkw
L 225 Immendingen – Bargen – Engen, bis zum u.g. Parkplatz am Gundelhof ca. 2,6 km ab Immendingen

Bus
• TuTicket/SBG, Linie 45 Immendingen – Hattingen – Mauenheim; bis Haltestelle Gundelhof
• Stadtbus Engen, Linie 2 (nur montags bis freitags): Engen-Bahnhof – Mauenheim – Stetten, bis Abzweigung Mauenheim; zu Fuß in den Ort und weiter auf markiertem Wanderweg zum u.g. Parkplatz am Gundelhof

Ziel für Wanderer (markierter Wanderweg)
Schwarzwald-Jura-Bodensee-Weg: Immendingen – Mauenheim – Neuhewen – Engen (grüne Raute auf Gelb), bis zum u.g. Parkplatz am Gundelhof oder ab ca. 200 m südlich Daxmühle auf dem Wanderweg in großer Umrundung (gelbe Raute) zum Hewenegg-Krater

Wegführung (s. Karte)
• Markierter Rundweg (Hewenegg-Rundweg) zum und um den künstlichen Krater ab Wanderparkplatz an der Landesstraße L 225 Immendingen – Mauenheim beim Gundelhof; Länge ca. 2,3 km
• Große Rundwanderung auf markierten Wanderwegen: Ab Wanderparkplatz am Gundelhof in Richtung Mauenheim bis ca. 200 m hinter Daxmühle; dann in Richtung Hewenegg-Krater (in großem Bogen durch den Wald bis zum Zusammentreffen mit dem Hewenegg-Rundweg beim Gundelhof); Länge: 5,5 km; Höhendifferenz: 120 m

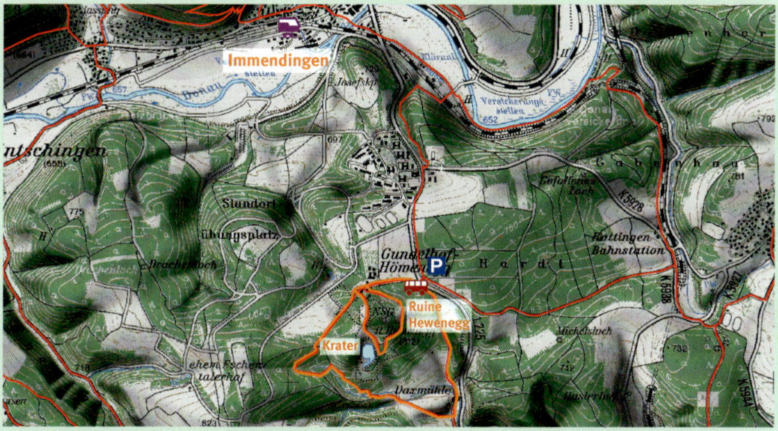

Das **Hewenegg** (in älterer Schreibweise auch *Höwenegg*) ist einer der Hegau-Vulkane der nordwestlichen, "basaltischen" Reihe, wozu auch Hohenstoffeln, Hohenhewen und Neuhewen zählen. Ein Besuch dieses abgeschieden gelegenen Vulkans lohnt sich, denn das Erlebnis ist einzigartig: Da tut sich ein sehr tiefer Krater mit steilen Felswänden auf, und am Grund leuchtet ein See in einer unwirklich türkisgrünen Farbe. An mehreren Stellen hat man durch einen Absperrzaun einen prächtigen Blick.

Es handelt sich aber nicht um den Kratersee eines erloschenen Vulkans, sondern der Inhalt des Vulkanschlotes – Basalt – wurde bis 1978 abgebaut, wobei gründliche Arbeit geleistet wurde, indem fast alles Material herausgeholt wurde, was verwertbar war! So wurde sein Inhalt dem Hewenegg zum Verhängnis – wie beinahe auch dem Hohenstoffeln. Zurück blieb ein Loch, das für die Verfüllung mit Neckarschlamm und Müll verwendet werden sollte. Dieser Plan wurde jedoch insbesondere durch den Naturschutz verhindert. Seit 1983 ist das Hewenegg und seine nähere Umgebung ein kleines Naturschutzgebiet.

Ein kurzer markierter Rundweg ("Hewenegg-Rundweg") führt vom Wanderparkplatz an der Landesstraße direkt zum künstlichen Krater. Man kann das Hewenegg aber auch weiträumig umwandern (ab Gundelhof wieder Hewenegg-Rundweg).

Die Liste der Pflanzenarten, denen man auf dem großen **Rundkurs** begegnet, ist lang, denn innerhalb und außerhalb des Waldes gibt es sehr unterschiedliche Vegetationstypen. Da sind zum Beispiel die so genannten Halbtrockenrasen und Magerwiesen mit vielen Blumen. Der Wald weist neben den üblichen Waldarten auch viele Feuchte liebende Pflanzen auf, und schließlich kommt man an wenigen grabenartigen Bächen vorbei, die von den hierfür typischen Pflanzenarten begleitet werden.

In den Wälder begegnet man einigen Pflanzenarten in größerer Anzahl: Den Attich, eine Holunder-Art, könnte man leicht mit Jungsträuchern des bekannten Schwarzen Holunders verwechseln. Aber die Schirme mit den schwarzen Beeren stehen steil aufrecht und hängen nicht wie beim bekannten Holunder. Zudem blühen manche Äste des Attichs auch dann noch, wenn sich andere im fruchtenden Stadium befinden. Der Attich ist übrigens eine Staude, die oberirdisch im Winterhalbjahr abstirbt.

Das Kraut Rühr-mich-nicht-an kommt mit den eigenwilligen, hängenden gelben Blüten am Weg oft in größeren Gruppierungen vor. Das "Nicht-Anrühren" bezieht sich auf die reifen Früchte, die kleinen Erbsenhülsen ähneln; sie explodieren beim Anrühren und verstreuen auf diese

Weise die Samen. Oft begegnet man auch einem Verwandten des Rühr-mich-nicht-an: Dem hohen, rosablütigen Indischen Springkraut – wie der Name schon sagt, einem Neubürger in unserer Flora. Über seinen "ökologischen Wert" kann man lange streiten, aber den Blüten spricht niemand die Schönheit ab; schließlich handelt es sich um eine Zierpflanze, die aus den Gärten in die freie Natur "ausgerissen" ist und nun vor allem in Feuchtgebieten Probleme verursacht.

Der Wald-Ziest mit den brennesselartigen Blättern ist ein Dauerbegleiter an den Waldwegrändern. Die dunkelroten, kleinen Blüten zeigen ihre Schönheit erst, wenn man sie aus nächster Nähe betrachtet. Die Ross-Minze ist ein später Blüher an Gräben und Bächen. Sie ist bezüglich der Wuchshöhe unsere größte Minzen-Art und, weil sie in einer Zeit blüht (August/September), in welcher der Blütenreichtum nicht mehr groß ist, lockt sie magisch Falter und andere Insekten an. An mindestens zwei Stellen des Rundweges kommt man an Gruppen der Großen Sterndolde vorbei. Bis in den September hinein sieht man die Blumen. Die Große Sterndolde findet man auch in Gärten und städtischen Anlagen.

Beim Gundelhof trifft man auf den Weg zum Krater, auf welchem man einigen eindrucksvollen Felsanschnitten begegnet. Im Basalt gibt es verschiedene Minerale, von denen manche einmalig sind. Berühmt sind die Tierfunde aus der Tertiärzeit, allen voran die Skelette des dreizehigen Hipparions, eines Vorfahren der heutigen Pferde, die hier besonders hervorragend erhalten waren. Auch Relikte von Antilopen und Säbelzahntigern wurden hier gefunden. Die Ausgrabungsstücke sind im Heimatmuseum im nahen Immendingen und im "Höwenegg-Saal" des Naturkundemuseums Karlsruhe zu sehen.

Attich (Blüte)

Attich (Früchte)

Rühr-mich-nicht-an

Indisches Springkraut

Roßminze

Große Sterndolde

33

Eiszeitpark im Brudertal bei Engen

Eiszeitjäger und Tundravegetation

Eiszeitpark im Brudertal (ca. 2,5 km nordöstlich der Altstadt Engen); Präsentation eiszeitlicher Flora und Kultur sowie einer prähistorisch genutzten Höhle; Pflanzen- und Tierarten der Magerrasen im Brudertal; Museum in der Altstadt mit eiszeitlichen archäologischen Funden

Empfohlene Besuchszeit: Zeitiges Frühjahr bis Sommer

Pkw

B 31/B 491 Stockach – Engen; ab Autobahnausfahrt Engen in Richtung Stadt, nach 300 m gegenüber dem Gewerbegebiet Grub abbiegen auf das Sträßchen in Richtung Autobahnviadukt und unter diesem hindurch zum u.g. Parkplatz

Bus

Stockach – Eigeltingen – Aach – Engen (Fahrplan Nr. 7366), bis Haltestelle Engen-Grub (McDonald's); anschließend unter dem Autobahnviadukt hindurch

Eisenbahn

- Konstanz – Singen – Engen – Offenburg (Fahrplan Nr. 720)
- Stuttgart – Tuttlingen – Engen – Singen (Fahrplan Nr. 740)

Vom Bahnhof Engen auf dem Wanderweg in Richtung Aach oder Bittelbrunn (s.u.)

Wanderwege

- Engen – Aach (blaue Raute); zwischen Autobahnviadukt (Parkplatz) und Eiszeitpark (Petersfels) gleichlaufend mit Teilstrecke des u.g. Lehrpfades
- Engen – Bittelbrunn – Talmühle – Biesendorf – Witthoh (gelbe Raute); zwischen Autobahnviadukt und Bittelbrunn teilweise gleichlaufend mit Teilstrecke des u.g. Lehrpfades

Wegführung (s. Karte)

Markierter Lehrpfad ("Eiszeitpfad") zum Eiszeitpark am Petersfels; ab Parkplatz direkt am Brudertalviadukt der Autobahn A 81 über Wirtschaftswege und teilweise steile Fußpfade; Länge ca. 2,5 km, Führungen möglich (Anmeldung: Kulturamt Stadt Engen); Städtisches Museum in der Altstadt Engen (geöffnet: Di – Fr 14 – 17 Uhr, Sa, So 10 -17 Uhr).

Brudertal mit Eiszeitpark und Petersfels

Das **Brudertal** entstand während der kältesten Phase der letzten Eiszeit vor rund 22.000 Jahren. Damals floss ein Schmelzwasserstrom entlang des Eisrandes von Ost nach West und schnitt sich in das weiche Gesteinsmaterial des Tertiärs und die harten Jurakalksteine ein. Während das weiche Material vom Wasserstrom wegtransportiert wurde, leisteten die harten Riffkalke des Juras Widerstand. Sie wurden aus ihrer sandig-mergeligen Umhüllung herausgeschält und mit ihnen kamen die bereits in vorausgegangenen Erdzeitaltern durch unterirdische Karstwasserströme entstandenen Höhlen wieder zum Vorschein. Zu diesen ehemaligen Schwammriffen zählen der Petersfels und der in seiner Nähe gelegene Felsen mit der Gnirshöhle.

In den Jahren zwischen 1927 und 1932 führte der pensionierte Engener Oberpostrat **Eduard Peters** im Umkreis des später nach ihm benannten Petersfelsen Ausgrabungen durch. Er fand große Mengen an Überresten von den "Jagdmahlen" der vorzeitlichen Jäger: 1,5 Tonnen Knochen von eiszeitlichen Tieren, 50.000 Feuersteinartefakte und 1.000 Knochen- und Geweihgeräte. Leider gingen fast alle Funde der Ausgrabungen in den Wirren am Ende des 2. Weltkrieges verloren. Ein kleiner Teil ist im **Städtischen Museum Engen** ausgestellt, unter den Schmuckstücken und kleinen Kunstwerken sind auch stilisierte Frauenfiguren, so etwa die "Venus vom Petersfels" aus Gagat, fossilem Holz. Die Funde stammen von jungsteinzeitlichen Nomaden, die gegen Ende der Eiszeit vor ca. 16.000 bis 13.500 Jahren hauptsächlich von der Jagd lebten, in Zelten wohnten und die Höhle des Petersfelsens im wesentlichen nur während der Jagd nutzten. Sie trieben wandernde Rentierherden durch die nahe gelegene Engstelle des Brudertals und erlegten die Tiere. Die Beute verarbeiteten die Jäger direkt am Peterfels und ließen die Reste liegen. Im Engener Museum zeigt ein sehenswertes Diorama, wie das Brudertal jener Zeit ausgesehen haben könnte.

Die Umgebung des Petersfelsens wurde vor wenigen Jahren als soge-

Deutsche Tamariske

Akeleiblättrige Wiesenraute

Immenblatt

Türkenbund-Lilie

Trauben-Steinbrech

nannter **Eiszeitpark** auf einer Fläche von ca. 3 ha etwa so gestaltet, wie sie die Eiszeitjäger vor ca. 15.000 Jahren vorfanden. Damals war die Landschaft im Brudertal – wie in ganz Deutschland – tundraartig, hohe Bäume fehlten. Deshalb hat man den Hochwald am Hang über dem Petersfels großflächig abgeholzt und hier viele lichtliebende Pflanzenarten ausgebracht, so dass ein **Kalkmagerrasen** entstand. Auf dem Talboden wurden **Kies-Sandflächen** aufgeschüttet, die auf die Ablagerungen des einstigen Schmelzwasserflusses hinweisen. Das Areal des Eiszeitparks wurde mit Pflanzen eingesät und bepflanzt, die nach wissenschaftlichen Erkenntnissen in der letzten Eiszeit hier wuchsen. Von der großen Zahl an Pflanzenarten im Kalkmagerrasen am Petersfels seien erwähnt: die Deutsche Tamariske, das Immenblatt, die Türkenbund-Lilie, die Akeleiblättrige Wiesenraute und der Trauben-Steinbrech. Insgesamt bietet der Hang bei entsprechender Jahreszeit eine außergewöhnliche Blütenfülle.

Künstliches Hochmoor, Eiszeitpark

Man machte sich sogar die Mühe, ein künstliches **Hochmoor** zu bauen. Es entspricht zwar nicht den örtlichen Gegebenheiten während der Eiszeit, denn Hochmoore gibt es im westlichen Bodenseegebiet nicht. Dennoch soll im Eiszeitpark gezeigt werden, welche Bedeutung einzelne Moorpflanzen für die Eiszeitjäger hatten. In den Mooren des Alpenvorlandes fanden sie viele Früchte zum Verzehr, als Naturheilmittel und pflanzliche Materialien zur Fertigung von Gegenständen des täglichen Lebens. Das künstliche Hochmoor enthält typische Hochmoorpflanzen, unter anderem die weißen Köpfe verschiedener Wollgras-Arten und bunte Torfmoose. In den Torfmoospolstern verstecken sich Insekten fangende Sonnentau-Pflanzen mit klebrigen Tentakeln an den bodennahen, roten Blättchen.

Wollgras

Sonnentau

Küchenschelle

Mücken-Händelwurz

Helm-Knabenkraut

Genfer Günsel

Mittleres Leinblatt

Gelber Günsel

Quirlblütiger Salbei

Auf Schildern und großen Tafeln findet man umfassende Informationen, so dass der Eiszeitpark halb Freilichtmuseum, halb botanischer Garten ist.

Geht man vom Eiszeitpark aus im **Brudertal** den Weg weiter talaufwärts bis zu einem romantischen Teich im Wald, kommt man an einer südexponierten Waldrandböschung vorbei, auf welcher neben vielen Wildblumen auch die Küchenschelle im zeitigen Frühjahr zu finden ist. In den sonnigen **Halbtrockenrasen** kommen auch Mücken-Händelwurz und verschiedene Knabenkräuter vor. Etwas im Schatten kann man mit Glück den Frauenschuh am Rande der schmalen Pfade entdecken. An schönen und warmen Sommertagen begegnet man im Brudertal erfreulich vielen Tagfaltern. Besonders wohl fühlt sich dort eine Vogelart: die Goldammer, welche im Winter noch besser zu beobachten ist als im Sommer.

Der Rückweg vom Eiszeitpark zum Autobahnviadukt verläuft am **nördlichen Hang** des Brudertals (ggf. in Gegenrichtung als Hinweg nehmen!). Nach gut 500 m geht der Fußpfad steil aufwärts durch einen prächtigen **Halbtrockenrasen**, in dem je nach Jahreszeit während der Vegetationsperiode immer etwas Besonderes blüht. Erwähnt seien starke Blüher wie die Skabiosen-Flockenblume, die Schmalblättrige Wicke, der Genfer Günsel, das Ochsenauge, der Blutrote Storchschnabel und der Aufrechte Ziest. Unscheinbare Besonderheiten wie das Mittlere Leinblatt, den Felsen-Kreuzdorn und den Gelben Günsel kann man in der bunten Vegetation auch entdecken. Nach dem Passieren eines Waldes geht es durch Blumenwiesen in den Talgrund; in ihnen blüht der Quirlblütige Salbei, der hier im Sommer immer zu finden ist. Er besitzt deutlich kürzere Blüten als der bekannte und gleichfarbige Wiesen-Salbei.

34

Der Hohenhewen

Ein bloßgelegter Basaltschlot

Zweithöchster Berg des Hegaus (vulkanischen Ursprungs, Basalt, 844 m), 2,5 km südwestlich der Stadt Engen. Pflanzenarten im Bergwald; Geologie; Naturschutzgebiet; eindrucksvolle Aussichtspunkte; Burgruine

Empfohlene Besuchszeit: Sommer

Pkw

L 224 Engen – Watterdingen – Tengen; in Anselfingen abbiegen zunächst in Richtung Singen, dann auf der zweiten nach Westen abzweigenden Straße (Almenstraße) zum Wanderparkplatz außerhalb des Ortsrandes

Bus

• Engen – Watterdingen – Tengen (Fahrplan Nr. 7360), bis Haltestelle Anselfingen-Rathaus
• Singen – Engen (Fahrplan Nr. 7352, nur Mo bis Fr), bis Haltestelle Anselfingen-Unterdorfstraße/Almenstraße
jeweils über die Almenstraße zum o.g. Wanderparkplatz

Eisenbahn

Singen – Engen (Fahrplan Nr. 720), bis Welschingen-Neuhausen; dann entlang der Straße nach Anselfingen und zum o.g. Wanderparkplatz

Ziel für Wanderer (markierte Wanderwege)

• Querweg Freiburg-Bodensee (Europäischer Fernwanderweg Nr.1)/Schwarzwald-Jura-Bodensee-Weg: Engen – Hohenhewen – Welschingen – Singen (rot-weiße Raute auf Gelb); ab Anselfingen bis ca. 500 m vor Welschingen (Wasserhochbehälter) gleichlaufend mit Teilstrecke der u.g. Rundwanderung
• Ludwig-Finckh-Weg: Singen – Hohenstoffeln – Welschingen – Engen (gelbe Raute); ab ca. 500 m oberhalb Welschingen bis Anselfingen im Osthang des Hohenhewens gleichlaufend mit Teilstrecke der u.g. Rundwanderung
• Blumberg – Leipferdingen – Alter Postweg – Napoleonseck – Hauserhof – Hewenhof – Hohenhewen (rot-weiße Raute auf Gelb, gelbe Raute); mündet direkt unter dem Gipfel in den u.g. Rundwanderweg

Wegführung (s. Karte S. 154)

Anstieg vom nordwestlichen Ortsrand Anselfingen (Wanderparkplatz mit Rasthütte "Almenhütte"); Rundwanderung auf markierten Wanderwegen zunächst zum Berggipfel, anschließend in Richtung Welschingen sehr steil bergab, am Gefällhof vorbei und oberhalb von Welschingen bis kurz vor einem asphaltierten Sträßchen (Wasserhochbehälter); dann nach Norden auf einem Wirtschaftsweg (markierter Wanderweg: Ludwig-Finckh-Weg), vorbei am Wasserhochbehälter durch den Osthang des Hohenhewens zurück zum Ausgangspunkt am Anselfinger Parkplatz; Länge: ca. 6,2 km, Höhendifferenz: 290 m

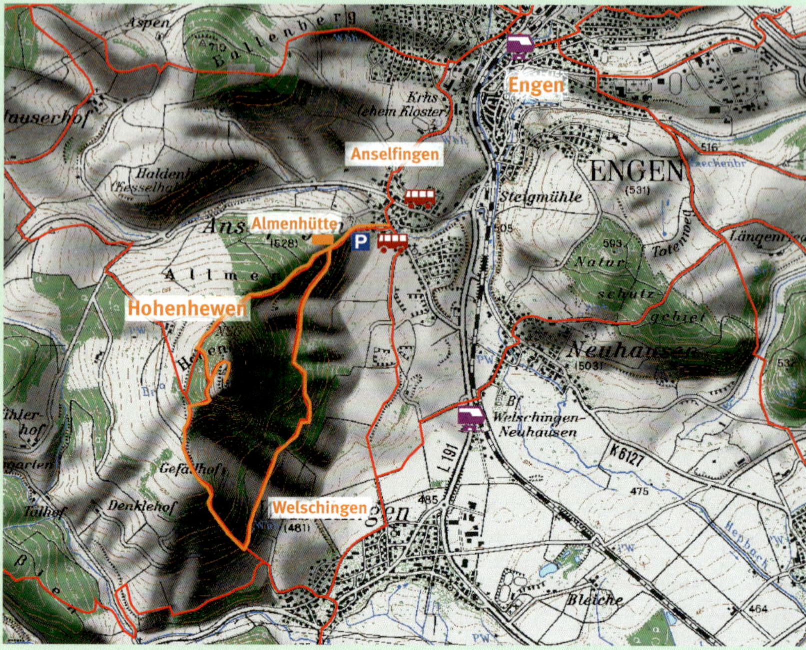

Wegen seiner Form und seiner – von Osten aus betrachtet – mächtigen Erhebung aus der umgebenden Landschaft, entspricht der **Hohenhewen** (844 mNN) mehr als die anderen Hegauberge der landläufigen Vorstellung eines klassischen Vulkankegels. Vor den Eiszeiten ragte er, ähnlich wie heute noch der Neuhewen, nur wenig aus seiner Umgebung heraus. Von der hoch aufragenden Kegelform besteht aber nur die steilere Gipfelkuppe aus vulkanischem Material, an der breiten Kegelbasis sind hauptsächlich mergelige Gesteine beteiligt. Die Ostflanke wurde um gut 200 m vom eiszeitlichen Gletscher abgetragen und von einem Schmelzwasserfluss so stark unterschnitten, dass ein Steilhang entstand, in welchem es wegen des mergeligen Gesteinsmaterials bis heute immer wieder zu **Bergrutschen** kommt (letzter gewaltiger Bergsturz am 3. Februar 1857). Vegetationsfreie Stellen und nackte Felsen unterbrechen das sonst fast geschlossene Waldkleid des Hohenhewens und erlauben den Blick auf den enthüllten Magmaschlot. Er gehört zur nordwestlichen, aus Basaltgestein bestehenden Reihe der Hegauberge.

Ab dem Wanderparkplatz bei der Almenhütte (Grillstelle) geht es stets bergauf. Vor dem Erreichen des Waldes hat man einen **schönen Blick** auf die Stadt Engen mit dem trutzigen Turm der Stadtkirche und dem Krenkinger Schlössle auf einem südlichen Sporn des Stadtfelsens, daneben der Brudertal-Viadukt der Autobahn A 81 (siehe Nr. 33) sowie weiter rechts im Vordergrund der bewaldete Bergrücken des Schoren. Im Hochwald öffnet sich in Richtung Nordwesten über eine Wiese hinweg kurz ein Blick zum Neuhewen (siehe Nr. 29).

Auf der **Wiese**, weniger blumenarm als die meisten Wirtschaftswiesen, wachsen Wiesen- und Wald-Storchschnabel, die beiden großblütigen Arten dieser Gattung. Im Spätsommer kündigen die Herbstzeitlosen mit ih-

ren auffälligen Blüten bereits den Herbst an.

Im **Wald** seitlich des Aufstiegweges zum Hohenhewen-Gipfel kann man den Türkenbund entdecken, ebenso das Ährige Christophskraut mit seinen cremefarbenen Blütenständen, die als Fruchtstände später schwarze Beeren tragen. Auffällig ist auch der Klebrige Salbei mit seinen recht großen, hellgelben Blüten. Weiterhin findet man hier die Quirlblättrige Weißwurz und wie in fast allen Wäldern des Hegaus die riesigen Blätter der Hain-Klette. Zu den frühesten Blühern im Jahresverlauf zählt das Dunkle Lungenkraut. Eigentlich nur während der Blüte fällt die in den hiesigen Wäldern so häufige Goldnessel auf. Immer wieder stößt man im eher schattigen “Allmendswald” (der Name erinnert an die Allmende, das ehemalige Gemeineigentum der Dorfeinwohner mit Bürgerrecht) nordwestlich des unteren Teils des Aufstiegsweges im September auf die leuchtend roten Fruchtstände des Aronstabes. Am Wegesrand tauchen weitere, typische Waldpflanzen wie Gefleckte Taubnessel, Giersch und Ruprechtskraut auf. Im Gipfelbereich um die Burgruine zeigt sich vermehrt die Nessel-

Ähriges Christophskraut (Blüte, Früchte)

Hain-Klette

Aronstab (Fruchtstand) *Giersch*

Burgruine Hohenhewen – in Pflege durch Land und Arbeitskreis "Hohen Hewen"

Goldnessel

Taubnessel

Ruprechtskraut

Almenhütte am Aufstieg von Anselfingen

blättrige Glockenblume und die Pfirsichblättrige Glockenblume mit ihren schönen, großen, hellvioletten Blüten.

Das weite **Gipfelplateau** wurde in den letzten Jahren durch den "Arbeitskreis Hohen Hewen", der dem Schwarzwaldverein nahe steht, und durch das Land Baden-Württemberg freigeschnitten und hergerichtet. An den Rändern wird das Plateau von den Ruinen der im 30-jährigen Krieg 1639 zerstörten **Burg** umrahmt. Die Herren von Engen bauten um 1170 eine Burg in den Ringwall auf dem Hohenhewen. Das Geschlecht hochadeligen Ursprungs errichtete auch Burgen auf dem Neuhewen (siehe Nr. 29), dem Hewenegg (Nr. 32) und kam in den Besitz der Tudoburg bei Eigeltingen (Nr. 46). Im Jahre ihrer Zerstörung war die Burg von den Fürstenbergern erworben worden. 1959 erwarb das Land Baden-Württemberg die Ruinen. Eine übrig gebliebene hohe Mauer des ehemaligen Wohnturmes dient als Ausssichtsturm mit einem großartigen Rundblick auf Engen, die Hegau-Alb, die Hegauer Vulkankegel und bei klarem Wetter auf die Alpenkette im Süden.

Burgruine Hohenhewen – Vorburg mit Resten der Ringmauer

Im September blühen auf dem Gipfelplateau zahlreiche Weiße Lichtnelken, vergesellschaftet mit dem rosablütigen Bastard. Auch der Wirbeldost ist stark vertreten; er hat zu dieser Zeit aber nur noch wenige Blüten.

Beim **Abstieg** in Richtung Welschingen kommt man kurz vor dem Waldrand an der Südseite des Bergkegels nahe an einer Grube mit Höhlen vorbei, in der man früher Gips zum Düngen der Felder abgebaut hat. Die Gipsablagerungen entstanden vor ca. 14 – 12 Mio. Jahren während der Tertiärzeit in einem See wohl durch schwefelhaltige vulkanische Dämpfe. In dieser Höhle wurden auch Spuren der damals lebenden Tiere Zwerghirsch, Mastodon, Urpferdchen, Rüsseltiere, Landschnecken und Schildkröten gefunden.

Nach der Wendung des Rundweges oberhalb von Welschingen in Richtung Norden durchquert man die untere **Ostflanke** des Hohenhewens, die durch teilweise spektakulären Bergstürze bekannt ist und gelangt schließlich wieder zum Ausgangspunkt beim Anselfinger Wanderparkplatz.

Nessel- und Pfirsichblättrige Glockenblume

Weiße Lichtnelke

Wirbeldost

35

Der Hohenstoffeln

Einst Drei-Burgengipfel, dann Basaltsteinbruch

Dritthöchster Hegau-Berg (vulkanischen Ursprungs, Basalt, 842 m) mit zwei Gipfeln, umrahmt von Hilzingen und seinen Teilorten Weiterdingen, Binningen und Riedheim; Pflanzenarten im Bergwald, auf Blockhalden und der Basaltbruchsohle; ehemaliger Basaltsteinbruch, geologische Erläuterungen; Aussicht; Ruinen zweier Burgen

Empfohlene Besuchszeit: Frühling und Sommer

Pkw

L 190 Hilzingen – Welschingen, bis zur Ortsmitte Weiterdingen; dort in die in Richtung Süden ansteigende Pfaffwieser Straße, dieser folgen bis zum Parkplatz Tiefental (s.u.)

Bus

- Singen – Hilzingen – Weiterdingen – Engen (Fahrplan Nr. 7352; nur montags bis freitags), bis Haltestelle Weiterdingen; dann auf markiertem Wanderweg zum Hohenstoffeln
- Singen – Hilzingen – Tengen (Fahrplan Nr. 7353), bis Haltestelle Binningen-Am Berg; dann auf der in der Nähe bergseitig einmündenden Straße zum markierten Wanderweg auf den Hohenstoffeln

Ziel für Wanderer (markierte Wanderwege)

- Querweg Freiburg-Bodensee (Europäischer Fernwanderweg Nr. 1)/Schwarzwald-Jura-Bodensee-Weg: Welschingen – Weiterdingen – Hohenstoffeln – Mägdeberg – Singen (rot-weiße Raute auf Gelb); am Hohenstoffeln gleichlaufend mit Teilstrecke der u.g. Rundwanderung
- Ludwig-Finckh-Weg: Singen – Duchtlingen – Hohenstoffeln – Weiterdingen – Engen (gelbe Raute, rot-weiße Raute auf Gelb); am Hohenstoffeln wie Querweg Freiburg-Bodensee
- Tengen – Binningen – Hohenstoffeln – Hilzingen – Singen (blaue Raute, gelbe Raute); zwischen Stofflerhof und Parkplatz Tiefental gleichlaufend mit Teilstrecke der u.g. Rundwanderung

Wegführung (s. Karte)

Ab Parkplatz Tiefental Rundwanderung um die beiden Berggipfel über Sennhof – Eiche – Basaltbruch – Stofflerhof (markierte Wanderwege auf Fahrwegen); Abstecher zu den beiden Gipfeln ab Eiche (Fußpfade z.T. steil). Länge: insgesamt ca. 6 km; Höhendifferenz Tiefental/Rundweg: ca. 110 m, Rundweg/Gipfel ca. 100 m

Der zweigipfelige **Hohenstoffeln** gehört wie der Hohenhewen und der Neuhewen zur nordwestlichen Reihe der Hegauer Kegelberge. Sein hartes Basaltgestein wäre ihm beinahe zum Verhängnis geworden, denn es eignet sich bestens als Straßenschotter. 1912 wurde an der Nordseite des Berges ein Steinbruch eröffnet mit dem festen Ziel, die beiden Gipfel im Laufe der Zeit total abzutragen, bis ein großes, flaches Plateau übrig geblieben wäre. Was die moderne Technik mit einem Berg anrichten kann, zeigt der vergleichbare Basaltsteinbruch am Hewenegg (Nr. 32).

Bis zur Betriebseinstellung 1938 war bereits ein Teil des Nordgipfels verschwunden und mit ihm die Ruinen einer der drei bereits im 30-jährigen Krieg 1633 zerstörten Burgen. Vorausgegangen war ein Jahrzehnte langer Kampf um die Rettung des Berges. Dass die Gipfel des Hohenstoffeln noch vorhanden sind, ist vor allem dem außerordentlichen Engagement des Gaienhofener Arztes und Volksschriftstellers **Dr. Ludwig Finckh** zu verdanken, der allerdings seit der Zeit vor dem Ersten Weltkrieg bis in die Zeit des Nationalsozialismus hinein keine Unterstützung fand. Erleichtert durch seine Kontakte zu den damaligen Machthabern wurde im Jahre 1938 der Betrieb auf Grund des neuen Reichsnaturschutzgesetzes eingestellt, und der Hohenstoffeln wurde 1941 zu einem der ersten Naturschutzgebiete im Deutschen Reich erklärt. Zum Andenken an seine Leistungen zur Erhaltung des Hohenstoffeln benannte der Schwarzwaldverein einen Wanderweg nach Ludwig Finckh.

Der imposante Steinbruch bietet heute Jedermann Einblick in die Struktur von Basaltgestein und gibt dem Hohenstoffeln eine besondere Note. Noch heute kann man die schräg stehenden Basaltsäulen in der ehemaligen Abbauwänden sehen.

Die botanische Attraktion des Hohenstoffeln ist im Juni der Türkenbund. Er ist in den **Wäldern** von den Wegen aus häufig zu sehen. Später im Jahr erkennt man ihn an den Dürrständern mit den aufrechten Fruchtkapseln. An Wegrändern wächst auch das Christophskraut, eine Staude mit zarten, weißen Blütenständen und später mit schwarzen Beeren. Der Wollige Hahnenfuß auf dem Waldboden gleicht zwar dem bekannten Scharfen Hahnenfuß der Wiesen, er ist aber in allen Teilen stämmiger und

Hohenstoffeln – ehemaliger Steinbruch

Bruchsteinhalde am Steinbruch

Aronstab (Blüte)

Bleiches Knabenkraut

Scharbockskraut

Bemooste Basaltfelsen im Wald

zudem – wie der Name schon sagt – behaart. Noch stattlicher sind die hohen Exemplare der Hain-Klette mit ihren weit ausladenden und sich sanft neigenden Seitenästen. Ihre mannshohen Pflanzenstängel sind sehr stabil, und so sieht man sie auch im Winter noch mit ihren ausgesprochen großen, bodennahen Blättern. Eine Pflanzenart fällt vom Sommer an lange auf, nicht nur weil sie schöne große, violette Glockenblüten trägt, sondern weil sie immer wieder neue Blüten nachschiebt und am Hohenstoffeln gut vertreten ist: die Nesselblättrige Glockenblume.

Ganz andersartig ist der Blütenreichtum im Frühjahr. Dann blühen in den ergrünenden Wäldern Bärlauch, Lerchensporn, Wald-Bingelkraut, Immergrün, Aronstab, Frühlings-Platterbse, Busch-Windröschen, Wald-Sauerklee, Scharbockskraut usw. Sogar das seltene Bleiche Knabenkraut – als seltene Orchidee eine Besonderheit des Hohenstoffeln – ist direkt neben dem Wanderweg zu bewundern. Zu jeder Zeit im Jahr wirken die beschatteten Blockhalden um den Gipfelbereich recht urig, da die Steine voll von Moosen überzogen sind.

Am Fuß des Stoffeler Nordgipfels gelangt man auf dem Rundweg zur Sohle des gewaltigen ehemaligen **Basaltsteinbruches**. In der Wand erkennt man die großen vier- bis sechseckigen Säulen des Basalts in senkrechten und unterschiedlich schrägen Lagen; unten liegen Halden mit lockeren Basaltsteinen. Die ursprünglich nackte Wand besiedelt sich in einem Jahrzehnte langen Prozess allmählich mit Vegetation. Auf der oberen Sohle des Basaltbruches hat sich eine eigene Flora ausgebildet mit Weißer Fetthenne, Kleinem Habichtskraut, Nickendem Leimkraut, Florentiner Habichtskraut, Wirbeldost, Weißem Steinklee, Straußblütiger Margerite usw. Eine weitere Besonderheit des Steinbruches ist die Echte Mondraute, ein kleines Farngewächs, das man sich besser vom Kenner zeigen lässt. Neben der Jagdhütte am Weg nach Weiterdingen kurz unterhalb des Steinbruchs steht ein Gedenkstein an Ludwig Finckh.

Der Hohenstoffeln ist heute rundum von Wald umgeben, auch auf Grund von Aufforstungen während der letzen Jahrzehnte. Sieht man von den Zugangswanderwegstrecken unterhalb der Waldgrenze ab, gibt es außer vom Nordgipfel nur noch zwei Stellen mit **Weitblicken** entlang des Rundweges in den Hegau: oberhalb des Sennhofes und am Stoffler Hof. Zusammen ergeben sie einen Rundblick auf eine einmalige Landschaft: auf die anderen Hegau-Berge, den Bodensee, den Schweizer und den deutschen Randen, die Hegau-Alb und bei klarer Sicht auf die Alpen.

Auf dem Stoffler Hof wird Ökolandwirtschaft mit Hofladen betrieben; er leistet einen wichtigen Beitrag zur Landschaftspflege, da er noch die letzte größere Grünlandfläche am Hohenstoffeln vor der Aufforstung bewahrt.

Weiße Fetthenne (Pflanze, Blüten)

Kleines Habichtskraut

Nickendes Leimkraut

Habichtskraut

Königskerzen (am Homboll)

36

Das Naturschutzgebiet Schoren

Der "brennende Busch" am südlichen Rand der Alb

Bergrücken aus Jurakalken, ca. 600 m nordöstlich der Ortsmitte Neuhausen (Stadt Engen); Flora der Kalkmagerrasen und sonnigen Waldränder, Buchenwald; Naturschutzgebiet

Empfohlene Besuchszeit: *Mai/Juni*

Pkw
K 6127 Engen – Ehingen – Mühlhausen, bis in den Ort Neuhausen; weiter zu Fuß s.u.

Eisenbahn
Konstanz – Singen – Engen (Fahrplan Nr. 720), bis Bahnhof Welschingen-Neuhausen (nur Nahverkehr); dann östlich der Bahnlinie auf der Straße nach Neuhausen (markierter Wanderweg), im Ort s.u.

Wanderweg
Welschingen – Neuhausen – Engen oder Neuhausen – Ehingen – Aach (gelbe Raute); zwischen Neuhausen und Waldrand des Schoren gleichlaufend mit Teilstrecke der u.g. Rundwanderung

Wegführung (s. Karte)
Rundwanderung beginnend im Ort Neuhausen, nahe der nordwestlichen Ortsausfahrt der Kreisstraße (Richtung Engen); auf dem Scheitel des Buckels, den diese Straße überquert, zunächst der nach Norden bergauf abzweigenden Straße folgen (markierter Wanderweg), nach 100 m bei der Gabelung nach rechts aufwärts zum Waldrand mit Feldkreuz; dann auf dem Fahrweg im Waldinnern, der ständig in Waldrandnähe verläuft (den markierten Wanderweg verlassen!), einen guten Kilometer Richtung Osten gehen, bis kurz vor dem Anstieg des Weges ein Fußweg hangabwärts abzweigt; auf diesem hinunter zum Waldrand und zur Wiese mit Geländern zum Schutz der Flora; anschließend weiter abwärts auf einem Fuß- und Grasweg zu einem Sträßchen am Rand einer ehemaligen Kiesgrube; diesem Sträßchen nach Westen folgen bis in den Ort Neuhausen; außer beim Anstieg zum Schoren und dem Abstieg zur Wiese meist ebener Weg, für Familienspaziergänge geeignet; Länge ca. 3,3 km

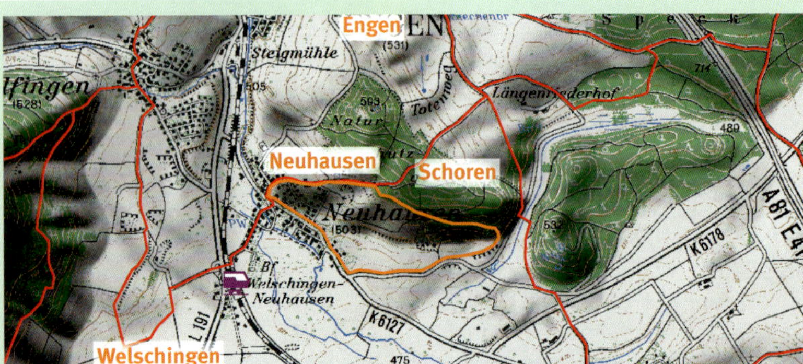

Der **Höhenzug Schoren** bei Neuhausen (Engen) bildet an dieser Stelle die südlichste Erhebung der Schwäbischen Alb mit ihrem Jurakalkstein, bevor diese unter die Molasse des Alpenvorlandes abtaucht. Unmittelbar am Hangfuß beginnen die Sand- und Kiesablagerungen eines Schmelzwasserstroms der letzten Eiszeit, der zwischen Hohenhewen und Hohenstoffeln gegen Schaffhausen und zum Hochrhein floss. Der Kalksteinuntergrund des Hügels erklärt die reiche Flora dieses Naturschutzgebiets, das bereits 1942 unter Schutz gestellt wurde.

Der Wald bildet zusammen mit den vorgelagerten Wiesen das Naturschutzgebiet "Schoren". Im Buchenwald, der mit anderen Baumarten durchsetzt ist, fallen am Weg die sehr vielen Exemplare des Immenblattes mit den großen Blüten auf. Jede einzelne Pflanze scheint anders gefärbte Blüten in den Grundfarben Rosa und Weiß zu besitzen. Wegen der schönen Blüten wird sie oft für eine Orchidee gehalten; aber mit dieser Familie ist das Immenblatt ganz und gar nicht verwandt, es ist vielmehr ein Lippenblüter.

Auf dem Fußweg hangabwärts gelangt man aus dem Innern des Waldes zum Standort des Diptams auf der davor gelegenen Wiese. Wer den Diptam nicht kennt, glaubt, er habe eine attraktive Zierpflanze vor sich, die jemand hier angepflanzt habe. Der Zierwert des Diptams ist tatsächlich so groß, dass man ihn auch in manchen Gärten der Umgebung (Neuhausen, Welschingen) als kräftige Staude finden kann. Neben den normal rosa gefärbten Blüten findet man auch Pflanzen mit weißen Blüten. Im Juni/Juli blüht er prächtig in der flimmernden Sonnenhitze. In dieser Zeit kann man nach Anzünden eines Feuerzeugs sehen, dass sich die mit ätherischen Ölen des Diptams angereicherte Luft um die hohen Blütentrauben kurz entzündet. Daher rührt auch sein Name "Brennender Busch". Der Diptam zählt nicht zu den Orchideen, sondern gehört zum Verwandtschaftskreis der Zitrusgewächse.

Wenn der Diptam blüht, dann stehen in seiner Nähe auch der Blutrote Storchschnabel, das Blaugrüne Labkraut und der Schwalbenwurz in voller Blüte. Sehr auffällig sind zu dieser Zeit auch die zarten, blau-violetten Blüten der Feinblättrigen Wicke. Sie fällt im grasigen Bereich an den Waldrändern durch ihre vielen spitz aufragenden Blütenstände auf. Eine Kostbarkeit ist das seltene Mittlere Leinblatt. Diese unscheinbare, gelbgrün

Diptam

Blutroter Storchschnabel

Feinblättrige Wicke

Geschnäbeltes Leinblatt

Kugelblume

Hufeisenklee

gefärbte Pflanze – obwohl auch zu dieser Zeit mit winzigen weißen Blütchen ausgestattet – muss man im Gewirr der Blätter und Halme erst suchen. In den Magerwiesen am Schoren kommen allein vier verschiedene Leinblatt-Arten vor!

Eine echte Orchidee ist auf den sonnigen Wiesen häufig: die Fliegen-Ragwurz. Man kann sie gelegentlich vom Weg aus sehen, so dass ein Suchen in den Wiesenflächen nicht nötig ist – im Naturschutzgebiet ist das Verlassen der Wege wegen der Trittschäden auf der empfindlichen Pflanzendecke ohnehin nicht erlaubt.

Der Schoren ist ein vorgeschobener Posten der Schwäbischen Alb im Hegau – da ist es nicht verwunderlich, dass man zahlreiche typische Pflanzenarten der Alb findet. In den trockenen Rasen wachsen die blau blühende Kugelblume und einer der größten weiß blühenden Doldenblüter, das Breitblättrige Laserkraut. Mitte Mai fallen viele blühende Helm-Knabenkräuter auf. Die Wiesen-Schlüsselblume und die Zypressen-Wolfsmilch stehen dann auch in voller Blüte. Gelb – und zwar goldgelb – blühen die Kissen des Hufeisenklees. In kleinen Bereichen sieht man den Salomonssiegel in voller Blüte. Aber all diese vielen Schönblüher übertrifft das Reckhölderle an Attraktivität, ein ganz niedrig wachsender, wohlriechender Zwergstrauch, der mit dem Seidelbast verwandt ist.

Faszinierend sind auch die **Ausblicke** vom Schoren-Hang. Jenseits der Niederung des Engener Beckens erhebt sich der Hohenhewen, flankiert von den Orten Welschingen und Anselfingen; im Hintergrund ragt der zweigipflige Hohenstoffeln auf. In der Ebene gab und gibt es einige Sand- und Kiesgruben; sie nutzen das Material, das ein eiszeitlicher Schmelzwasserfluss, gewissermaßen der Ur-Rhein, einst hier ablagerte.

37

Mägdeberg und Hegau-Kreuz

Keltische Muttergottheiten und die Heilige Ursula

Mägdeberg (Vulkanberg, Phonolith, 654 m), mit Burgruine; Naturschutzgebiet, knapp 1 km südwestlich Mühlhausen (Gemeinde Mühlhausen-Ehingen) und Sickerberg (Vulkanberg aus Deckentuff, 661 m) mit Hegau-Kreuz, Pflanzenarten auf felsigen Standorten, im Wald und Magerrasen; Aussichtspunkte

Empfohlene Besuchszeit: Frühjahr bis Sommer

Pkw

L 191 Singen – Engen; vor Mühlhausen in den Ort, dort abbiegen auf das Gemeindesträßchen in Richtung Duchtlingen und steil bergauf bis zum Parkplatz am Mägdeberg

Eisenbahn

Engen – Singen – Konstanz (Fahrplan Nr. 720, Nahverkehr), bis Mühlhausen; vom Haltepunkt auf markiertem Wanderweg südwestwärts bergauf zum o.g. Parkplatz

Ziel für Wanderer (markierte Wanderwege)

- Querweg Freiburg – Bodensee (Europäischer Fernwanderweg Nr. 1)/Schwarzwald-Jura-Bodenseeweg: Engen – Hohenstoffeln – Mägdeberg – Hohenkrähen – Singen (rot-weiße Raute auf Gelb); zwischen Hegau-Kreuz und Parkplatz Mägdeberg auf u.g. Weg
- Engen – Weiterdingen – Hegau-Kreuz – Mägdeberg – Mühlhausen (gelbe Raute, rotweiße Raute auf Gelb); zwischen Hegau-Kreuz und Mägdeberg s.u.
- Singen oder Hilzingen – Duchtlingen – Hegau-Kreuz (weiß-rote Raute auf Gelb, gelbe Raute); weiter s.u.

Wegleitung (s. Karte)

Parkplatz am Zugang zum ca. 400 m entfernten Gipfel des Mägdebergs (Vorsicht, bei Nässe z.T. glatter Pfad!) sowie zum ca. 800 m entfernten Hegau-Kreuz auf dem Sickerberg, z.T. steiler Fußpfad (markierter Wanderweg); Höhendifferenz: jeweils ca. 60 m

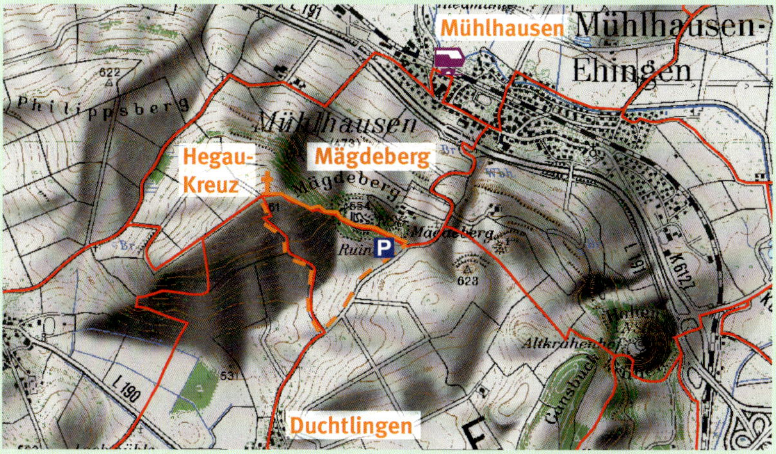

Der **Mägdeberg** fällt mit seinem Namen aus der Reihe der sieben großen Hegau-Berge vulkanischen Ursprungs deutlich heraus. Sein Name erinnert an die drei keltischen "Beten", jungfräuliche Muttergottheiten, die hier wohl eine Kultstätte hatten. Auch die Römer übernahmen diese Kultfiguren. In gewisser Weise wurde der Kult in die christliche Mythologie übertragen. Nach einer Legende soll die heilige Ursula, eine britische Königstochter, während einer Reise zusammen mit Tausenden von Jungfrauen auf dem Mägdeberg eine Rast eingelegt haben. So wurde an dieser Stätte nun die Heilige Ursula verehrt. Auch der Bau einer Burg ist eng mit der Kirche verbunden, war es doch das Kloster Reichenau, das hier ab 1265 um eine schon bestehende Kapelle eine Burg errichten ließ. Diese war im 14. und 15. Jahrhundert württembergisch und kam dann an die österreichischen Habsburger, die sie nach der Zerstörung im 30-jährigen Krieg und einer notdürftigen Reparatur mit Beginn des 18. Jahrhunderts zerfallen ließen. Die Ursulakapelle wurde erst 1788 aufgehoben und zerfiel ab 1820. Seit 1872 ist der Mägdeberg im Besitz des Grafen Douglas von Langenstein.

Auf dem Weg vom Wanderparkplatz zur Ruine auf dem Mägdeberg, einem Naturschutzgebiet, trifft man am Wegesrand auf vertraute, kulturfolgende Pflanzenarten; das ist wohl eine Folge der starken Belastung durch Besucher und Felskletterer. An einer Besonderheit auf den Felsen kommt man direkt vorbei: am Berg-Lauch. Die seltene Pflanze wächst bevorzugt an felsigen Stellen und blüht im Spätsommer recht lange, zumeist rosafarben, hier aber auch weißlich.

Besonders stark vertreten ist am Mägdeberg der Gold-Kälberkropf. Er ist ein weißer Doldenblütler, der dem Wiesenkerbel zum Verwechseln ähnlich ist, aber im Gegensatz zu diesem seinen Standort nur entlang von Säumen und Waldrändern hat. Man erkennt ihn am besten an den roten Flecken an den Stängeln. Im Bereich um den Parkplatz ist er vergesellschaftet mit der Wegwarte, einer nicht seltenen Pflanze, die im Hochsommer wunderschön blau blüht; allerdings sind die Blüten nur vormittags geöffnet, nachmittags hingegen geschlossen.

Von der Ruine bieten sich schöne **Ausblicke**, insbesondere in die Hegauer Niederung mit Mühlhausen, Ehingen sowie die vor den Bergrücken der Hegau-Alb gelegenen Städte Engen und Aach. Durch die Öffnungen der Umfassungsmauern als Rahmen gibt es malerische Blicke auf Hohenkrähen und Hohentwiel.

Noch vor dem Anstieg zur Burgruine des Mägdebergs zweigt im Wald der **Fußweg zum Hegau-Kreuz** auf dem Sickerberg ab (markierter Wanderweg). Er führt zunächst in südwestlicher Richtung hangabwärts. Beim Gang durch den **Wald** sollte man auf manche Pflanzenarten achten. Die Vielblütige Weißwurz, die sich im Frühling mit hängenden weiß-grünen Blütenglöckchen ziert und im Spätsommer reifblaue Beeren besitzt; sie ist recht zahlreich. Neben der vertrauten Stachelbeere – hier im Wald natürlich in der Wildform – kommt am Mägdeberg auch zahlreich die Alpen-Johannisbeere vor. Nach der Blüte ist sie ein unscheinbares Gehölz – es sei denn, sie schmückt sich mit roten Beeren. Wer eine Beere in den Mund steckt, wird feststellen, dass die der verwandten Garten-Johannisbeeren wesentlich besser schmecken. Eine dritte Art bekommt man im März zu sehen: den Märzenbecher.

Zwischen Wald und Hegau-Kreuz führt der Pfad aufwärts durch **Wiesenbereiche** mit Hecken auf den Geländestufen. All die vielen Blumen der Hegau-Wiesen und Gebüschsäume sind hier zu finden: Wiesen-Salbei, Kartäusernelke, Skabiosen-Flockenblume, Mittlerer Wegerich, der nur im Frühjahr blühende und dann schnell dürr werdende Klappertopf, die Rundblättrige Glockenblume, dann die weiß blühenden Schirmblütler wie

Berg-Lauch

Gold-Kälberkropf

Blick zum Hohenkrähen

Wegwarte

Vielblütige Weißwurz

Alpen-Johannisbeere

Hegau-Kreuz auf dem Sickerberg

Mittlerer Wegerich *Rundbl. Glockenblume*

Bärenklau

Wilde Möhre

Bärenklau, Kleine Pimpernelle und Wilde Möhre und schließlich der Aufrechte Ziest.

Besonders zahlreich kommt in den **Hecken** die Schlehe vor. Ihre Blütezeit im zeitigen Frühjahr ist leider nur kurz; dann aber sind die Sträucher überladen mit kleinen, weißen Blüten. Die Früchte – kleine, blaue Pfläumchen – zeigen sich dagegen sehr lange, sie sind erst dann schmackhaft, wenn sie die ersten herbstlichen Fröste mitbekommen haben.

Das **Hegau-Kreuz**, ein massives Steinkreuz, schmückt weithin sichtbar den kahlen Buckel des Sickerberges. Es wurde 1968 als Würdigung und zur Erinnerung für den ehemaligen Konstanzer Landrat Dr. Seiterich errichtet. Er hatte sich unter anderem sehr für den Natur- und Landschaftsschutz im Landkreis eingesetzt und bis heute nachwirkende Entscheidungen zugunsten der Erhaltung der Bodensee- und Hegaulandschaft getroffen.

Vom Hegau-Kreuz hat man einen der umfassendsten **Rundblicke** des Hegaus. Zu sehen sind sämtliche Kegelberge, die langgezogenen Bergrücken der Hegaualb mit den Städten Engen und Aach davor, ein Stück des Bodensees, die Molassehügel und -berge des Alpenvorlandes sowie bei klarem Wetter die lange Alpenkette.

Wenn man nicht den selben Weg zum Parkplatz zurückgehen will, kann man den markierten Wanderweg in Richtung Duchtlingen nutzen, muss dabei aber zunächst über eine Böschung und Grünland einige Meter weglos das Gelände queren, bevor der von oben weit sichtbare asphaltierte Wirtschaftsweg erreicht wird. Am Ende des Abstiegs mit schöner Aussicht erreicht man das Sträßchen Duchtlingen – Mägdeberg – Mühlhausen und auf diesem schließlich wieder den Ausgangspunkt.

38

Der Hohenkrähen

Ein wilder Phonolithstiel

Vulkanstiel aus Phonolith (643 m); ca. 1,5 km südwestlich der Ortsmitte Mühlhausen (Gemeinde Mühlhausen-Ehingen); Pflanzenarten auf Felsen und Felsschutt; Geologie; Naturschutzgebiet, Aussicht, Burgruine

Empfohlene Besuchszeit: Frühling und Sommer

Pkw

- L 191 (Schnellstraße) Singen – Mühlhausen – Engen; bis zum u.g. Parkplatz am Fuß
- K 6125 Singen – Duchtlingen; bis zum u.g. Parkplatz auf dem Bergsattel

Bus

Singen – Aach – Eigeltingen (Fahrplan Nr. 7364), bis Haltestelle Schlatt-Dorfstraße (sonn- und feiertags auch Anruf-Sammel-Taxi Singen – Schlatt u. Kr.); weiter zu Fuß entlang der Kreisstraße in Richtung Singen (markierter Wanderweg) zum u.g. Parkplatz am Fuß des Bergkegels

Wanderwege

- Querweg Freiburg-Bodensee (Europäischer Fernwanderweg Nr. 1)/Schwarzwald-Jura-Bodensee-Weg: Welschingen – Hohenstoffeln – Hohentwiel (rot-weiße Raute auf Gelb), bis direkt vor den Eingang zur Burgruine Hohenkrähen
- Singen (Aachbrücke "Billionenbrücke") – Hausen a.d.A. – Hohenkrähen (gelbe Raute); ab Parkplatz am Fuß des Bergkegels auf dem u.g. Fußweg aufwärts

Wegführung (s. Karte)

Fußweg (markierter Wanderweg) vom Parkplatz am Ostfuß des Bergkegels (an der Schnellstraße bei Schlatt) aufwärts zur Burgruine und zum Gipfel (Länge ca. 600 m, Höhendifferenz 190 m); oder nahezu ebener Waldweg (markierter Wanderweg) vom Wanderparkplatz auf dem Bergsattel an der Kreisstraße Singen – Duchtlingen bis zum Eingang zur Burgruine (Länge ca. 1,2 km, Höhendifferenz bis zum Berggipfel: ca. 70 m)

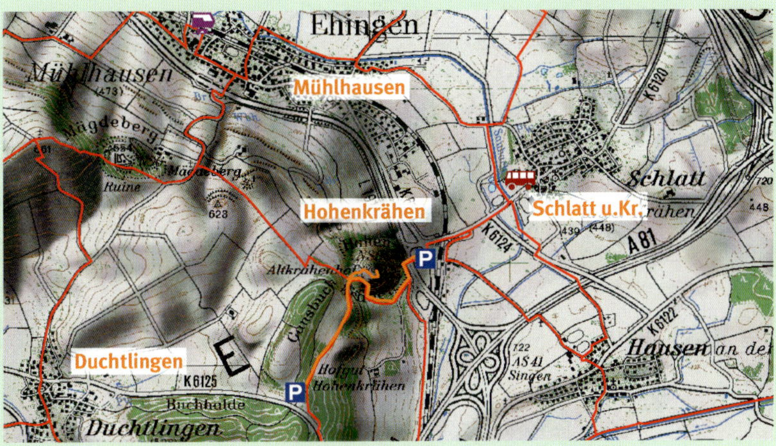

Der **Hohenkrähen** gehört wie der Hohentwiel und der Mägdeberg zur sogenannten südöstlichen Hegauer Vulkanbergreihe, die durch den Phonolith ("Klingstein") charakterisiert ist. Er ist ein geradezu stielförmiger, steiler Bergkegel, dessen bizarre Gestalt besonders von der Singener Niederung her betrachtet sehr eindrucksvoll ist. Von Westen her gesehen überragt der Gipfel das davor liegende Hügelland kaum. Der Berg besteht lediglich aus einer harten, vulkanischen Schlotfüllung mit relativ geringem Durchmesser, die durch die eiszeitlichen Gletscher aus ihrer Ummantelung aus weicherem Gesteinsmaterial herausgeschält wurde. Wie der Hohentwiel war der Hohenkrähen einer der "Rammböcke", die dem von Osten her anrückenden Rheingletscher in der Eiszeit widerstanden. Heute ist die harte Schlotfüllung als Folge der Erosion bis weit hinauf mit Felsschutt umhüllt.

Nach 1170 erbaute das benachbarte Geschlecht der Friedinger (siehe Nr. 41) hier eine weitere Burg. Doch die Familie geriet in den Niedergang der Ritter im 15. Jh. und so wurden viele Raubritterüberfälle vom Hohenkrähen unternommen. Die Zugehörigkeit zum katholischen Habsburg wurde der Burg, die dem Hohentwiel benachbart ist, dann im 30-jährigen Krieg zum Verhängnis. Die protestantische und daher feindliche Besatzung des Hohentwiel unter Konrad Widerholt eroberte und zerstörte die Burg endgültig.

Um den auf dem Hohenkrähen noch hausenden Burggeist "Poppe-

Braunstieliger Streifenfarn

Frühlings-Fingerkraut

le", der ehemalige Vogt Poppolius Maier, ranken sich viele Sagen und Gecshichten. Seit 1860 ist die führende Fasnachts-Zunft in Singen nach ihm benannt.

Der sehr steile und **felsige Pfad** auf den Bergkegel hinauf erfordert eine gewisse Trittsicherheit und Sportlichkeit, bei Nässe kann er unangenehm glitschig werden. Beim Aufstieg durchquert man einen schönen Laubmischwald, der auf steinigem Gelände wächst und über viele lichte Stellen verfügt. Entlang des Weges findet man den Braunstieligen Streifenfarn, die Weiße Fetthenne, das früh blühende Frühlings-Fingerkraut, das Nickende Leimkraut, den Echten Baldrian. Die Wilde Stachelbeere kommt ebenso wie die häufigeren Sträucher Wolliger Schneeball, Roter Hartriegel, Liguster, Feld-Ahorn und Kreuzdorn vor. Unterhalb der **Ruine** auf dem Gipfel löst sich der Laubwald schließlich in einzelne Büsche auf, die sich an die Felsen klammern. Hier ist das Reich der Felspflanzen wie Blauer Lattich und Wermut.

Vom Gipfel aus hat man eine sehr schöne **Aussicht** auf den Hegau. Von hier oben lässt sich auch erahnen, welch strategische Bedeutung diese Burg einst hatte.

Nickendes Leimkraut

Echter Baldrian

Kreuzdorn

Blauer Lattich

Wermut

39

Die Aachquelle

Deutschlands größte Quelle am Fuße einer kleinen Stadt

Karstquelle am Südrand der Schwäbischen Alb im Ort Aach (Stadt Aach). Reiche Frühjahrsflora an benachbarten Steilhängen; Geologie; Zwergstadt auf einem Bergkegel mit Aussichtspunkten zum Hegau und Alpenvorland

Empfohlene Besuchszeit: Ausgangs Winter bis in den Sommer

Pkw
B 31 Engen – Stockach, bis Ortsausfahrt Aach in Richtung Eigeltingen (Parkplätze an der Aachquelle)

Bus
- Singen – Aach – Eigeltingen – Stockach (Fahrplan Nr. 7364)
- Engen – Aach – Stockach (Fahrplan Nr. 7366)

jeweils bis Haltestelle Aach-Aachquelle

Wanderwege
- Engen – Aach – Eigeltingen (blaue Raute); ab nördlich des Aacher Stadtberges bis Aachquelle gleichlaufend mit Teilstrecke der u.g. Rundwanderung (Gegenrichtung)
- Mühlhausen – Aach (gelbe Raute); ab Altstadt gleichlaufend mit Reststrecke der u.g. Rundwanderung

Wegführung (s. Karte)
Aachquelle neben der B 31 beim Ortsausgang Aach in Richtung Eigeltingen; ab hier Rundwanderung auf markierten Wanderwegen über den Alten Turm zur Altstadt Aach: hinter dem Aachquelltopf auf einem Fußweg aufwärts zum Alten Turm, dann zunächst zurück durch den Burggraben und weiter auf dem Wirtschaftsweg zum jenseits der Landwirtschaftsfläche gelegenen Waldrand; anschließend auf dem breiten Forstweg nach Südwesten durch Wald ins Tal am Fuß des Aacher Stadtbergs (hier Abkürzung durch das Tal zurück zur Aachquelle möglich); an dessen Hang aufwärts zum Städtchen (Altstadt), hier Rundgang und anschließend direkt zurück zur Aachquelle. Länge insgesamt ca. 2,5 km; Höhenunterschied: 60 bzw. 70 m.

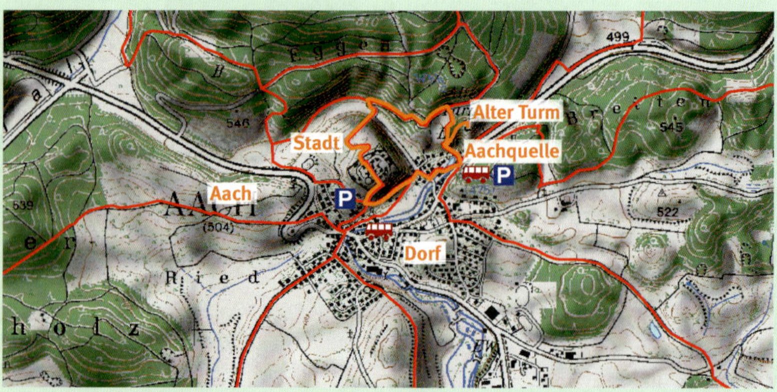

Die Radolfzeller Aach entspringt aus Deutschlands größter Karstquelle. Im eindrucksvollen **Aachtopf** tritt Donauwasser zutage, das in 12 bis 20 km Entfernung zwischen Immendingen und Fridingen im löchrigen Untergrund versinkt. Dieser außerordentliche Weg des Donauwassers wird durch die Eigenschaften des im Untergrund der gesamten Schwäbischen Alb anstehenden Kalksteins verursacht. Bei Anwesenheit von Kohlendioxid löst sich Kalk in Wasser auf. Ursprünglich kleine Spalten im Kalkstein können so im Laufe von Jahrtausenden allmählich zu Röhren und Höhlen erweitert werden. Im Donau-Aach-System werden jährlich einige 1.000 Kubikmeter Kalkstein aufgelöst! Die Schwäbische Alb ist wohl wie ein Schweizerkäse von Höhlen durchlöchert.

Unter dem Aachtopf fanden tauchende Höhlenforscher ein großes Höhlensystem von über 1.000 m Länge, das zum größten Teil unter Wasser liegt. 150 m von der Quelle entfernt befindet sich ein Höhlensee, der mit Schlauchboot befahren werden kann. Durch eine Gebirgsverschiebung wird der dahinter folgende enge Abschnitt des Höhlensystems unpassierbar. Um aber noch weiter in das Höhlensystem vorzudringen, trieb eine Gruppe von Höhlenforschern einen bergmännischen Schacht in die Tiefe, um in weitere Höhlen zu gelangen. Der Eingang zum "Bergwerk" der Höhlenforscher befindet sich einige 100 Meter oberhalb des Aachtopfes in einer im Wald gelegenen Doline (Einsturztrichter). In 100 m Tiefe liegt der Dolinensee, von dem aus die weitere Erforschung der Donauhöhle erfolgt. Mittlerweile sind über 500 m im Berg mit weiteren Kavernen erschlossen.

Die Donau, die einen wesentlichen Teil des östlichen Schwarzwaldes entwässert und bei Immendingen schon ein stattlicher Fluss ist, ist Hauptlieferant der Aachquelle. Sie schüttet im Mittel 8.800 l Wasser pro Sekunde (zeitweise auch deutlich über 10.000 l pro Sekunde!), das aus einem schräg vertikalen Quellschacht in den darüber liegenden, weiherartigen Quelltopf aufsteigt, weshalb man es nicht aus einem Felsen austreten sieht. Die Aachquelle ist zwar die größte Quelle Deutschlands, aber doch recht bescheiden im Vergleich zu den Karstquellen z.B. im Französischen Jura.

Wasserstern (Unterwasserpflanze)

Leberblümchen

Aachtopf von Norden

Mittlerer Klee

Berg-Leinblatt

Das Quellgewässer im Aachtopf ist grün, verursacht durch eine einzige Pflanzenart, den Wasserstern. Schaut man sich die schlängelnden Bewegungen des Unterwasser-Grün genauer an, kann man ermessen, von welchen Kräften seine Stränge ununterbrochen getrieben werden; so wird die große Schüttung des Aachtopfes sichtbar.

Vor dem Start der **Rundwanderung** an der Aachquelle lohnt es sich im zeitigen Frühjahr, an der Bundesstraße einen kurzen Abstecher nordostwärts zu machen. Am schattigen Steilhang wachsen viele Leberblümchen, so dass man deren Blüte ganz aus der Nähe betrachten kann, ohne sich bücken zu müssen. Anschließend geht es vom Quelltopf über einen Pfad mit Treppen in die Höhe, unterwegs sieht man im Frühsommer viele bunt blühende Wildpflanzen. Erwähnt seien nur Zypressen-Wolfsmilch, Kartäusernelke, Wiesen-Salbei, Aufrechter Ziest, Mittlerer Klee, Berg-Leinblatt, Großblütige Braunelle, Weiden-Alant, Knäuel-Glockenblume, Acker-Glockenblume (die heute auf keinem Acker mehr zu finden ist) und das gelb blühende Echte Labkraut, das massiert auf einer benachbarten Schafweide vorkommt.

Folgt man dem Pfad, gelangt man im Wald zur **Burgruine**, die "Alter Turm" genannt wird (539 m). Da die Burg bereits vor dem Jahr 1300 verlassen wurde, erfolgten keine störenden Umbauten. Dagegen diente die Ruine noch jahrhundertelang als Steinbruch.

Nach der Querung der schmalen Landwirtschaftsfläche hat man vom **Waldrand** aus einen reizvollen Fernblick zum Hohentwiel. Das Tal, das man vor dem Anstieg auf den Stadtberg quert, ist ein eiszeitliches Urstromtal. Hier suchten die Schmelzwässer, eingeklemmt zwischen dem absperrenden Rheingletscher im Süden und den nach Nordwesten ansteigenden Alb- und Randen-Höhen, als sogenannter Eisrandstrom den Weg nach Südwesten zum Hochrhein. Noch heute kann man seinen Verlauf über Welschingen, Beuren am Ried und Thayngen bis nach Schaffhausen nachvollziehen.

Auf der Rundwanderung betritt man die Altstadt Aach von Norden her, sie zählt zu den kleinsten Städten in Deutschland (die weitaus meisten Einwohner wohnen unten im Dorf). Das Stadttor (Obertor) an dieser Stelle wurde im 19. Jh. abgebrochen. Von den einstigen Adels- und Bürgerhäusern ist als Folge von Kriegen und Bränden fast nichts übrig geblieben. So zeigt die kleine Siedlung jetzt nur noch einen dörflichen, etwas verträumten Charakter. Durch ein städtebauliches Entwicklungskonzept, das den noch vorhandenen wertvollen Resten der historischen Bausubstanz angemessen ist, bietet sich die Chance, aus diesem einmalig gelegenen Ort ein attraktives Wohn-Städtchen zu machen.

Auf dem zentralen Platz steht ein Brunnen mit modernen Darstellungen eines Mönches, einer Ziege und eines Löscheimers. Er erinnert an die Errichtung der Wasserversorgung durch Beuroner Mönche. Unbedingt muss man zum Platz an der südlichen Stadtmauer gehen, denn hier bietet sich ein herrlicher **Ausblick** in den Hegau: rechts sieht man markante Vulkankegelberge, links erhebt sich jenseits der hügeligen Hegau-Landschaft bei klarem Wetter die Alpenkette. Man blickt dabei in das Alpenvorland, das vom Gesteinsschutt der Alpen aufgefüllt und zuletzt von den Eiszeitgletschern geformt wurde. Nach Norden hin – gewissermaßen im Rücken des Betrachters – erstreckt sich die Schwäbische Alb, an deren äußerstem Südrand das Städtchen Aach auf seinem Bergsporn liegt.

Knäuel-Glockenblume Echtes Labkraut

Burgruine "Alter Turm"

Blick zum Hohentwiel

Bergstädtchen Aach

40

Das Naturschutzgebiet Hausener Aachried

"Hinterwälder" als Landschaftspfleger

Aach und Naturschutzgebiet "Hausener Aachried" südlich von Hausen an der Aach (Stadt Singen). Renaturierte Flussstrecke; Pflanzen- und Tierarten der Feuchtgebiete; Wässerungskanäle, Landschaftspflege mit Hinterwälder Rindern

Empfohlene Besuchszeit: Ganzjährig

Pkw

L 191/K 6122 Singen – Hausen an der Aach – Beuren an der Aach, bis zur Hausener Ortsmitte; weiter auf der K 6123 in Richtung Friedingen, an der nächsten innerörtlichen Kurve (Gasthaus "Sonne") geradeaus bis zum Parkplatz am südlichen Ortsrand; dann zu Fuß am Aachufer flussaufwärts und nach 300 m über die Aachbrücke

Bus

Singen – Aach – Eigeltingen (Fahrplan Nr. 7364), bis Haltestelle Hausen-Zur Sulz (sonn- und feiertags auch Anruf-Sammel-Taxi Singen Bahnhof – Hausen – Schlatt u. Kr.); dann über die Aachbrücke südlich des Hausener Ortsrandes

Ziel für Wanderer (markierter Wanderweg)

Mühlhausen oder Hohenkrähen – Schlatt u. Kr. – Hausen – Singen (Aachbrücke "Billionenbrücke") (gelbe Raute); südlich des Hausener Ortsrandes am Aachufer 300m flussaufwärts (gelbe Raute) zur Aachbrücke; weiterer Zugang zum Aachried über die Remishofer Brücke, ca. 1,3 km flussabwärts von Hausen, s.u.

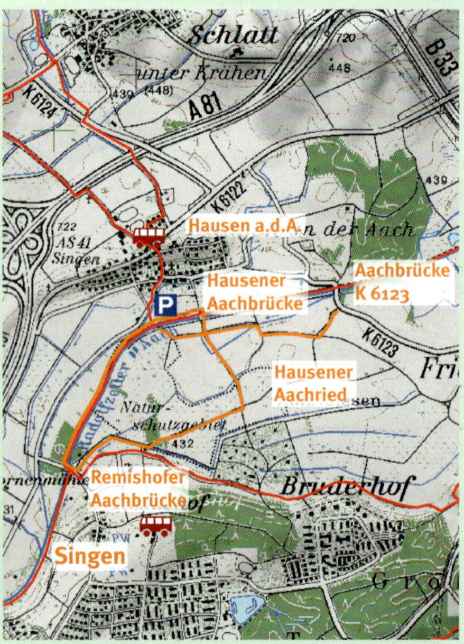

Wegführung (s. Karte)

Rundwanderung ohne Wegmarkierung (keine Weidezäune übersteigen wegen gefährlicher Bullen!); über die Hausener Aachbrücke auf das linke Ufer, dann flussabwärts bis zur Aachschlinge und wieder zurück, anschließend weiterer Abstecher links der Aach zunächst entlang des Dauchenbergkanals nach Osten möglich bis zur Aachbrücke der K 6123; in Fortsetzung der Rundwanderung kurz nach der Hausener Aachbrücke über den Dauchenbergkanal und weiter geradeaus auf breitem Wirtschaftsweg nach Süden bis ca. 150 m vor das eingezäunte Kleingartengelände, dann dem sich kreuzenden ebenfalls breiten Wirtschaftsweg nach Westen folgen bis über die Remishofer Aachbrücke; schließlich auf Rad- und Fußweg auf dem rechten Aachufer flussaufwärts zum Ausgangspunkt. Länge des Rundweges ca. 3,7 km; Abstecher zur Aachbrücke K 6193 hin und zurück 2,0 km.

Im Bereich kurz unterhalb der Hausener Aachbrücke wurde der bisher geradlinige und kanalisiert wirkende Aach-Fluss vor einigen Jahren naturnah umgebaut (Erläuterungstafeln, Station des Flusserlebnispfades Hegauer Aach). Hier liegt jetzt eine **Kiesinsel**, die im Süden von der Aach in einem breit ausgebildeten Bogen umflossen wird, während der nördliche Arm eine Art Altwasser bildet. Die breite Flussschlinge hat die Funktion eines Sedimentfanges, der die Aach flussabwärts frei von Geröllablagerungen hält und das früher zur Vermeidung von flächenhaften Überschwemmungen periodisch notwendige Ausbaggern des gesamten Flussbettes bis hinunter nach Singen überflüssig macht. Das sedimentierte Material kann jetzt an einem einzigen Punkt im Sedimentfang aus der Aach herausgeholt werden.

Nach Überquerung der **Hausener Aachbrücke** kommt man auf dem linken Ufer (Südufer) flussabwärts zur Aachschlinge. Sie und die Insel sind im Winterhalbjahr ein Paradies für Wasservögel. Außer vertrauten Arten wie den Blässrallen, Stockenten und Höckerschwänen halten sich hier Reiherenten, Tafelenten, Schnatterenten und Gänsesäger auf. Die Männchen der letztgenannten Art sind durch ihr

Kanal im Aachried

Stockenten-Erpel

Reiherenten

Scharfer Hahnenfuß

Bach-Kratzdistel

Sumpf-Vergissmeinnicht

Kuckucks-Lichtnelke

schwarz-weißes Federkleid besonders auffällig.

Dann geht es zurück, und man kann dem Dauchenbergkanal in Richtung Osten folgend einen **weiteren Abstecher** auf dem Wirtschaftsweg bis zur Aachbrücke der K 6193 machen. Man findet im Frühjahr in den Feuchtwiesen neben Massenbeständen des Scharfen Hahnenfußes auch Herden der schönen Bach-Kratzdistel, des Sumpf-Vergissmeinnichts, der Kuckucks-Lichtnelke, des Großen Wiesenknopfs und weiterer Feuchtgebietsarten.

Der **Rundweg** führt jedoch weiter nach Süden. Man überquert den weitgehend kerzengeraden Dauchenbergkanal, der früher die immer noch sichtbaren ehemaligen **Wiesenwässerungsgräben** mit Aachwasser speiste. Er mündet gegenüber der Kiesinsel in die Aach; ein noch vorhandenes altes Stelltor erinnert an die Zeiten der Wiesenbewässerung.

Als in früheren Zeiten die Wiesen des Hausener Aachriedes noch weit ausgedehnt waren, wurden sie im zeitigen Frühjahr mit Aachwasser gewässert. Dieses gab zusammen mit den darin enthaltenen Nährstoffen dem Gras einen guten Wachstumsschub. Mit der Intensivierung der Landwirtschaft verschwand das unrentabel gewordene Grünland weitgehend. Flächen, die nicht in Ackerland umgewandelt wurden, fielen der Verbrachung sowie der Verbuschung durch aufkommende Gehölze anheim. Um dieser Entwicklung entgegenzuwirken, werden Teile des Naturschutzgebietes durch eine große **Rinderherde** beweidet. Es handelt sich um eine selten gewordene Rasse aus dem Schwarzwald, das sog. Hinterwälder Rind. Sie wurde vom NABU hier eingeführt. Die Mutterkuhherde hält sich – außer im kalten Winter – ständig im Ried auf, wo auch die Kälber geboren werden (*Achtung vor*

gefährlichen Bullen, keine Weidezäune übersteigen!).

In den zentralen Teilen des Naturschutzgebiets im südlichen Abschnitt der Rundwanderung werden heute die **Wiesen** für den Naturschutz gemäht. Im Spätsommer trifft der Besucher in den feuchten Wiesen einige besondere Arten: die Herbstzeitlose reckt die rosafarbenen Krokusblüten. Ihre Blätter samt den Fruchtkapseln erscheinen erst im folgenden Frühjahr. Die ganze Pflanze ist giftig und daher im Grünland unerwünscht. Ein später Blüher gemähter Feuchtwiesen ist auch das Wasser-Greiskraut; es wird in der Regel nur 20 cm hoch und kann mit seinen Blüten ganze Bereiche gelb färben. Der Teufelsabbiss – sein Wurzelstock ist kurz und scheint wie vom Teufel von unten her abgebissen – ist an seinen violetten, kissenförmigen Blütenköpfen zu erkennnen. Zwei Hochstaudenarten, das weiß blühende Mädesüß und der rosa blühende Wasserdost, sind an den Grabenrändern des Hausener Aachriedes zu finden und überziehen die ungemähten Stellen mit großen Beständen.

Herbstzeitlose

Teufelsabbiss

Wasserdost

41

Friedinger Schlössle

Trockenrasen und Nagelfluhfelsen

Solitärberg (Nagelfluh, Molassesandstein, Deckenschotter, 545 m), ca. 1 km östlich von Friedingen (Stadt Singen); Halb- und Volltrockenrasen, Geologie, Aussicht

Empfohlene Besuchszeit: Zeitiges Frühjahr bis Ende Sommer

Pkw
L 189 Singen – Volkertshausen – Aach, bis Ortsmitte Friedingen; dann abbiegen in die Straße in Richtung Radolfzell und nach weiteren ca. 100 m an der Straßengabelung (Kapelle) links in die Zufahrtsstraße zum Schlosshof, Parkplatz vor dem Schlosshof

Bus
Singen – Aach – Eigeltingen (Fahrplan Nr. 7364), bis Haltestelle Friedingen-Rathaus (sonn- und feiertags auch Anruf-Sammel-Taxi Singen-Bahnhof – Friedingen – Schlatt u.Kr.); dann zur Straße nach Radolfzell, weiter s.o.

Ziel für Wanderer (markierte Wanderwege)
- Querweg Freiburg-Bodensee: Singen – Friedinger Schlossberg – Steißlingen – Homburg – Stahringen (rot-weiße Raute auf Gelb), bis Zufahrt Schlosshof oder bis Leprosenhaus; dann auf jeweiligen Teilstrecken der u.g. Rundwanderung zum Schloss
- Böhringen – Friedingen – Beuren a.d.A. – Volkertshausen – Aach (gelbe Raute); ab Schlosshof gleichlaufend mit Teilstrecke der u.g. Rundwanderung

Wegführung (s. Karte)
Rundwanderung über und um den Schlossberg auf markierten Wanderwegen. Ab Schlosshof zur Burg; dann auf dem Schlösslepfad abwärts bis kurz vor das Zufahrtssträßchen, weiter nach Nordosten zum Waldrand und Fuß des Berges, noch kurz vor dem Leprosenhaus schließlich nach Südosten im Wald aufwärts und zurück zum Schlosshof; meist auf Wirtschaftswegen, oberer Teil des Schlösslepfades z.T. steil und felsig (Trittsicherheit erforderlich); Länge ca. 1,3 km; Höhendifferenz: 65 m.

Die Besonderheit des Friedinger Schlossberges besteht darin, dass er im Gegensatz zu den markanten Hegaubergen nicht vulkanischen Ursprungs ist. Vielmehr besitzt er einen **"Hut" aus Nagelfluh**, einem Gestein, das fast so aussieht und so fest ist wie Beton. Es handelt sich um Flussschotter der Mindel-Eiszeit (drittletzte Eiszeit, vor ca. 270.000 Jahren), die durch kalkhaltige Bindemittel im Laufe der Jahrhunderttausende fest miteinander verbacken wurden (sog. Deckenschotter). Der Unterbau unter dem Hut besteht aus weicherem Molassesandstein aus der Tertiärzeit (entstanden vor ca. 20 – 15 Mio. Jahren). Das harte Gestein konnten die Alpengletscher, die während der beiden jüngeren Eiszeiten in den heutigen Bodenseeraum vorstießen, nicht vollständig wegräumen, so dass ein kegelförmiger Berg stehen blieb. Beim Schlössle fällt die starke Platte des Nagelfluhfelsens auf, der stellenweise schon bedrohlich unterhöhlt erscheint. An der Außenfront des Felsens sind die Kieselsteine entweder ausgebrochen und hinterlassen schalenförmige, glatte Vertiefungen oder sie stehen wie rundliche Nagelköpfe vor.

Die Burg Hohenfriedingen (Friedinger Schlössle), die schon im Mittelalter als "Schloss" bezeichnet wurde, ist eine von nur noch zwei Höhenburgen (und die einzige auf deutscher Seite), die sich nicht als Ruine darbietet. Dabei waren die Edelfreien Herren von Friedingen im 15. und 16. Jahrhundert rechte rechte Raufbolde, die sich mit den Eidgenossen, den Grafen von Württemberg und den oberschwäbischen Städten anlegten, so dass Zerstörungen der Burg nicht ausbleiben konnten. Die einst mächtigen Friedinger mussten ihren Besitz 1544 komplett an die Stadt Radolfzell verkaufen. Radolfzell ist heute noch Eigentümer. Der Innenhof kann besichtigt werden, wenn das Burg-Restaurant für Gäste geöffnet ist.

Neben seiner geologischen Besonderheit ist der Friedinger Schlossberg für seine große Halb- und stellenweise sogar Volltrockenrasen bekannt. Wie trocken der Hang ist, zeigt sich darin, wenn sich Gehölze schwer tun, Fuß zu fassen, obwohl die Fläche seit Jahren nicht mehr gemäht wurde. Die Fläche befindet sich südwestlich direkt unterhalb der Burg, ist aber nur auf Pfaden beschwerlich begehbar. Den Zugang findet man am besten über den

Unterhöhlter Nagelfluh-Fels der Bergkuppe

Volltrockenrasen

Blutroter Storchschnabel (Herbstrote Blätter)

Salomonssiegel

sog. “Schlösslepfad” (Trittsicherheit erforderlich!).

Obwohl die **Magerrasen** recht kleinflächig sind, enthalten sie doch zahlreiche Rote-Listen-Arten. Hier wachsen vor allem Waldsaumarten, die sich flächig ausbreiten, allen voran der Blutrote Storchschnabel. Nicht die Farbe der rosa-purpurnen Blüten führte zu seinem Namen, sondern die älteren Laubblätter, die sich schon im Sommer blutrot verfärben. Der Salomonsiegel schmückt sich im Spätsommer mit dunkelvioletten Beeren. Er gleicht zwar seiner Schwester, der Vielblütigen Weißwurz, ist aber viel seltener und kommt auch in sonnigen Wiesen vor, während die Vielblütige Weißwurz den Halbschatten des Waldes bevorzugt.

Überhaupt ist der Hochsommer die beste Zeit, um eine solche Saumvegetation zu besuchen. Im August kommt der Berg-Lauch, den man ansonsten im Hegau kaum findet, massenhaft zur Blüte. Jahr für Jahr ist diese Pflanze, die dem Schnittlauch ähnelt, hier zu finden. Sehr lange sieht man im Sommerhalbjahr die leuchtend purpurroten Blüten der Kartäusernelke. Am Waldrand wachsen die Klee-Arten Hügel-Klee und Purpur-Klee mit ihren kräftig rot gefärbten Blütenköpfchen. Dort fühlt sich auch der Hirsch-Haar-

Berg-Lauch

Purpur-Klee

Durchw. Hellerkraut

strang am wohlsten. Der Doldenblüter entfaltet im Sommer seine weißen Blüten, auf denen sich besonders Käfer gerne versammeln.

Aber auch im Frühjahr blüht es schon auf den Steilhängen: an fast allen Stellen sind die Rauhaarigen Veilchen zu sehen. Dazwischen zeigen sich schon früh das Durchwachsenblättrige Hellerkraut und ausgesprochen viele Traubenhyazinthen. Wenn ausgangs des Winters die frische Vegetation noch sehr dürftig ist, fallen auch die weißen und leeren Gehäuse der Vielfraßschnecke auf.

Der schönen **Aussicht** wegen lohnt es sich, den Friedinger Schlossberg sogar im Winterhalbjahr zu besuchen. Eindrucksvoll ist vor allem der Blick zum Untersee; an Föhntagen kommt das großartige Alpenpanorama hinzu. Außerdem fallen im Winter die weißen Krustenflechten an den freien, sonnenbeschienenen Felspartien ins Auge.

Will man nach dem Besuch der Trockenrasenflächen nicht wieder zum Schlössle hinaufsteigen, bleibt nur der weitere Abstieg bis zum Zufahrtssträßchen. Kurz vorher zweigt im Wald ein Wanderweg nach Nordosten ab, den man für eine **Rundwanderung** um die Nord- und Ostseite des Schlossberges zurück zum Ausgangspunkt nutzen kann. Unten am Bergfuß (auf dessen Nordseite) kommt man dann nahe am "Leprosenhaus" vorbei, heute ein einfaches Bauernhaus, das bis zur Aufhebung im Jahre 1808 einer Stiftung zur Versorgung von Kranken gehörte.

Hügel-Klee

Rauhaariges Veilchen

Vielfraßschnecke (leere Gehäuse)

42 Entlang der Aach ins Weitenried

Die Weite einer Wiesenebene erleben

Aachrenaturierung bei Volkertshausen unmittelbar südlich der Autobahnbrücke (A 98); Wiesenlandschaft des Weitenrieds; Vegetation, Vogelarten und Insekten der Feuchtgebiete; Naturschutzgebiet

Empfohlene Besuchszeit: Frühling bis Anfang Herbst

Pkw
L 189 Singen – Volkertshausen – Aach; bis zum südlichen Ortsrand Volkertshausen (Parkmöglichkeiten); zu Fuß südlich um die Sportanlagen herum zur Brücke über die Aach und auf das Ostufer

Bus
Singen – Aach – Eigeltingen (Fahrplan Nr. 7364), bis Haltestelle Volkertshausen-Rathaus; dann durch die Straße in Richtung Wiechs zum markierten Wanderweg auf dem Ostufer der Aach

Ziel für Wanderer (markierte Wanderwege)
- Singen (Aachbrücke Hohenkrähenstraße) – Hausen an der Aach – Beuren – Volkertshausen – Aach (Aachweg, gelbe Raute); oberhalb der Autobahnbrücke südlich Volkertshausen auf das Ostufer der Aach, ab hier u.g. Rundwanderung durch das Weitenried
- Volkertshausen – Steißlingen, zwischen Volkertshausen und Wald südlich der Autobahn gleichlaufend mit u.g. Rundwanderung

Wegführung (s. Karte)
Ab Ortsmitte Volkertshausen auf markiertem Wanderweg am Ostufer der Aach flussabwärts bis südlich der Autobahnbrücke; dann ca. 250 m dem Damm der Autobahn entlang, anschließend auf dem Wirtschaftsweg südwärts dem Rand des Wäldchens folgen bis ca. 200 m nach Waldende; auf dem nach links abzweigenden Wirtschaftsweg ohne Wanderwegmarkierung nach Nordosten und bei der nächsten Wegeinmündung wieder nach links, bis der Damm der Autobahn erreicht ist; dann auf dem Fußweg nach Westen stets dem Damm entlang und über die metallene Brücke des Weitenriedgrabens, bis kurz vor der Aach der Anfang der Rundwanderung wieder erreicht wird (ab hier markierter Wanderweg zurück nach Volkertshausen). Gesamtlänge: 4,7 km. Wanderungen im Weitenried auch auf anderen gut befestigten Wegen nach freier Wahl möglich.

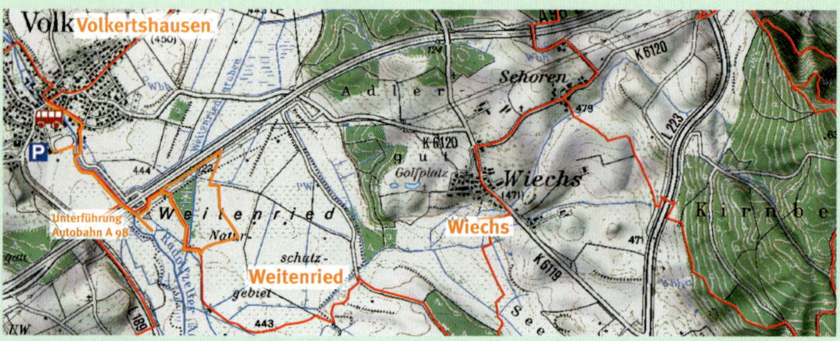

Die Radolfzeller (oder Hegauer) Aach ist der bedeutendste Fluss des Hegaus. Zwischen Singen und Beuren kann man ihn auf langer Strecke erleben, da es dort ufernahe Wege gibt (markierter Wanderweg "Aachweg"). Auch südlich von Volkertshausen ist dies auf kurzer Strecke möglich, dort kommt man an eine Stelle, ab der sich der Fluss jetzt mit menschlicher Hilfe aus dem Korsett eines Kanals befreit, in das man ihn im 19. Jh. gezwungen hatte.

Nach der Unterquerung der Autobahn A 98 Singen – Stockach – Friedrichshafen berührt die Aach eine Landschaft, die so gar nicht dem Typ entspricht, der im Hegau vorherrscht. Sie ist völlig eben; Wiesen und Viehweiden herrschen hier vor, ganz im Gegensatz zu den im Westen aufragenden Kegelbergen mit dem ackerbaulich genutzten Hügelland dazwischen. Die weißen Stämme von Birken und vieles mehr lassen den Eindruck entstehen, man befinde sich in Deutschlands Norden. Genau wie dort hat man hier das Gefühl der Weite. Daher scheint auch der Name "Weitenried" für diese Landschaft sehr passend zu sein. Es ist allerdings kein Ried mit Dominanz von Röhricht und Seggen, sondern vielmehr eine weite, friedliche und scheinbar ruhige Wiesenlandschaft. Doch von eigentlicher Ruhe kann nicht die Rede sein, denn der störende Lärm der Autobahn dringt weit ins Ried hinein. Die Autobahn verläuft hier auf einem Damm, der quer durch das Ried gebaut wurde und es ungefähr in der Mitte von Südwest nach Nordost durchschneidet.

Man beginnt die Rundwanderung am besten im Ortskern von Volkertshausen. Hier gibt es einen **Storchenhorst**. Störche sind heute im Hegau wieder recht häufig. Gerade hier in Volkertshausen brütete 1966 das letzte Storchenpaar des Hegaus. Im Jahre 2005 gab es im Landkreis Konstanz wieder 23 Brutpaare. Damit besitzt der Landkreis heute die stärkste Storchen-Population unter den Kreisen Baden-Württembergs, das sind cirka 10 % der Gesamt-Storchenpopulation des Landes. Diese Zunahme verdankt der Storch nicht zuletzt der engagierten Hilfe von Storchenfreunden, die dem sympathischen und beliebten Großvogel Plätze schufen, die ihn zum Brüten einluden.

Die **Aach** ist zwar direkt südlich von Volkertshausen kanalisiert, hat aber keinen kerzengeraden Lauf. Die Ufer sind hier im Spätsommer fast durchgehend vom Indischen Springkraut gesäumt. Die von fern zu uns gekommene Art ist eigentlich eine Zierpflanze der Gärten, was beim Betrachten der Blüten in den Kombinationen von Weiß, Rosa und Purpur auch einsichtig wird. Die Pflanze blüht bis zum ersten Frost. Durch ihr starkes Ausbreitungs- und Verdrängungsvermögen am Rande von Fließgewässern ist sie mittlerweile zu einem Problem geworden.

Unmittelbar bei der Autobahnbrücke wurde in der Aach vor einigen Jah-

Durch neu errichtete "Raue Rampen" können Wassertiere die Wehre umgehen

Weißstörche

Aach, Indisches Springkraut

ren an Stelle des vorigen Wehres eine sogenannte Raue Rampe gebaut. Auf dieser steileren Gefällstrecke wurden im Flussbett sehr viele große Felsbrocken aufgeschüttet, über die das Wasser wie bei einem Gebirgsfluss tosend hinwegrauscht. Für Fische und andere Wasserbewohner, die flussaufwärts steigen wollen, ist dieses Hindernis im Gegensatz zum vorherigen Wehr nun überwindbar.

Gleich unterhalb der Rauen Rampe wurde außerdem der vormals geradlinige Lauf der Aach durch den Bau einer Schlinge ersetzt. Hierdurch wurde die Kraft der Seitenerosion stark vergrößert, so dass die Aach allmählich ein neues, sich schlängelndes Flussbett gräbt. Dem Fluss wird also erlaubt, aus seinem Kanalkorsett nach und nach auszubrechen. Die Fachleute nennen dies die "eigendynamische Mäanderbildung der Hegauer Aach". Prallufer und Anlandungen mit Inseln sind bereits entstanden. Allerdings behindert der zunehmende Uferbewuchs – aber auch das ist Natur – immer mehr die Sicht auf die neue Flusslandschaft. Ab hier gibt es an der Aach keinen durchgehenden Weg mehr.

Wo der Weg für die Rundwanderung unmittelbar südlich der Autobahnbrücke nach links abbiegt, kann man jedoch versuchen, noch ein Stück weit auf einem Stichweg geradeaus zu gehen, um etwas von der renaturierten Aach zu sehen. Vielleicht sieht man zur entsprechenden Jahreszeit auch Prachtlibellen in gaukelndem Flug vorbeischwirren. Die Wanderung führt dann zunächst der Autobahn entlang und wendet sich bald nach rechts zu einem Feuchtwäldchen mit Birken und Zitterpappeln. Am Waldrand wachsen viele Pfaffenhütchen-Sträucher. Je später die Jahreszeit, desto schöner präsentieren sie sich mit ihren "Käpple" in Kardinalrot. Dazwischen wachsen auch Kreuzdorn, Faulbaum und Grauweiden.

Der Weitenriedgraben, den der Weg quert, ist – anders als der Name vermuten lässt – ein richtiger Bach mit viel Wasser. Kurz nach der Brücke öffnet sich der Blick, und man kann nun die **Wiesenlandschaft** in ihrer ganzen Weite erleben. In einigen Bereichen weiden im Sommerhalbjahr Rinder; für sie stehen mehrere Schutzhütten bereit. Ansonsten ist es Wiesenlandschaft pur, durchzogen von Gräben und malerisch gegliedert durch Gehölzstreifen und -gruppen. Die meisten Wiesen haben den Charakter von Wirtschaftswiesen, deren Pflanzeninventar deutlich kleiner als das der echten Feuchtwiesen ist. Brachflächen, auf denen sich Schilfrohr ausbreitet, sind eher selten.

Durch diese Wiesenlandschaft führen viele Wege. Doch, wer nur einen Bogen machen will und dann zur Aach und zum Ausgangspunkt zurückkehren möchte, sucht für den Rückweg den Autobahndamm, für dessen Verlauf die elektrischen Hochspannungsleitungen schon von weitem eine gute Orientierungshilfe sind. An den Rändern der zahlreichen Gräben wächst eine dichte Staudenflur aus Wasserdost, Mädesüß und Gilbweiderich.

Pfaffenhütchen

Faulbaum

Gilbweiderich

Indisches Springkraut

Großer Wiesenknopf

Kohldistel

Sumpf-Segge

Brauner Weichkäfer

Sumpfschrecke

Lauchschrecke

Oft begegnet man den schwarz-roten Köpfen des Großen Wiesenknopfes. Auf manchen Wiesen blüht im Frühjahr die Kuckucks-Lichtnelke und im Sommer die Kohldistel. An Grabenrändern ist die Bach-Nelkenwurz, die schon früh blüht, stark vertreten. Ein Dauerblüher der nassen Magerwiesen ist die kleine Blutwurz. An Gebüschrändern können die hohen Doldenblütler Bärenklau und Wald-Engelwurz zur Blüte kommen. Im Hochsommer sind die tellerartigen Blütenstände Paarungsort einer braunen Käferart, die nicht nur in großen Mengen zu finden ist, sondern sich auch durch nichts stören lässt: der Braune Weichkäfer. Dort, wo die hohen Bestände der Sumpf-Segge sich entfalten können, ist die Sumpfschrecke zu finden. Aber auch die Lauchschrecke ist hier verbreitet – wie in fast allen Wiesen des Hegaus.

Vogelliebhaber suchen das Weitenried insbesondere zur Zeit des Frühjahrsvogelzuges auf. Ansammlungen rastender Kiebitze sind dann nicht selten. Für Graureiher ist das Wiesenareal ganzjährig ein ideales Jagdgebiet, und eindrucksvolle Gruppen von mehreren dieser Großvögel sind nichts Seltenes. Ein ganz besonderes Erlebnis ist es, wenn über das Wasser der Aach ein fliegender Edelstein huscht: der Eisvogel. Aber auch die Feldlerche, die zu den bekanntesten Vogelarten zählt, aber leider infolge der intensiven Landbewirtschaftung immer seltener wird, kann im Weitenried "wie in alten Zeiten" bei ihrem Steiggesang bewundert werden.

Die Weite des Gebietes bringt es auch mit sich, dass man Rehe beim Äsen im freien Gelände beobachten kann. Man kann die Rehrudel bereits aus einer solchen Entfernung sehen, dass sie den Beobachter nicht als Gefahr wahrnehmen.

43

Naturschutzgebiet Bodenseeufer Bodman-Ludwigshafen

Ein blaues Blütenmeer am Nordwestende des Bodensees

Naturschutzgebiet "Bodenseeufer Bodman-Ludwigshafen" im Bereich der Mündung der Stockacher Aach; Pflanzen- und Tierarten des Seeufers und in Feuchtgebieten mit Überschwemmungsbereichen; Aussichtspunkt am See

Empfohlene Besuchszeit: Mai

Pkw
B 34/K 6101/B 34/B 31 Singen – Radolfzell – Stahringen – Bodman – Ludwigshafen – Stockach; in Bodman Parkplätze am Strandbad/Sportgelände (gebührenpflichtig) oder am westlichen Ortsrand (Richtung Radolfzell, gebührenfrei)

Bus
- Stockach – Ludwigshafen – Bodman (Fahrplan Nr. 7375 A), bis Haltestelle Ludwigshafen-Bahnhof; dann zum Campingplatz westlich des Ortes, hierzu am Seeufer entlang auf markiertem Wanderweg (s.u.); oder bis Haltestelle Bodman-Kapelle (nur Mo bis Fr)
- Stahringen – Überlingen (Fahrplan Nr. 7395), bis Haltestelle Ludwigshafen-Bahnhof; weiter s.o.

Eisenbahn
Radolfzell – Friedrichshafen (Fahrplan Nr. 731), bis Ludwigshafen; weiter s.o.

Ziel für Wanderer (markierte Wanderwege)
- Ludwigshafen – Bodman – Möggingen – Radolfzell (blauer Punkt mit Pfeil, gelbe Raute); zwischen Ludwigshafen und Bodman gleichlaufend mit Teilstrecke des u.g. Rundwegs
- Espasingen – NSG Bodenseeufer – Ludwigshafen (blaue Raute, gelbe Raute); stößt vor Ludwigshafen auf den u.g. Rundwanderweg

Wegführung (s. Karte)
Rundwanderung auf markierten Wanderwegen ab dem Strandbad am nördlichen Ortsrand von Bodman (ab hier zunächst bis zum Aach-Altwasser ufernaher Fußpfad ohne Wanderwegmarkierung empfohlen) oder ab Campingplatz Ludwigshafen; für Familienspaziergänge geeignet auf dem breiten sog. Hauptweg – soweit kein zu dichter Fahrradverkehr. Länge: ca. 3,0 km

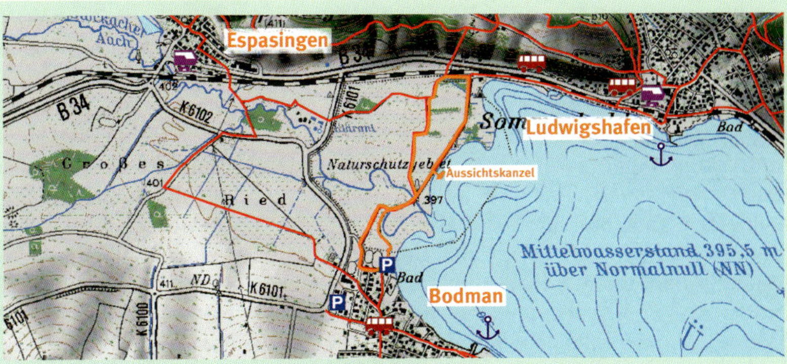

Mitten durch das seenah zwischen Bodman und Ludwigshafen gelegene Naturschutzgebiet kann man einen schönen Rundweg wandern. Es empfiehlt sich, diesen Ende Mai/Anfang Juni zu begehen, weil dann die Sibirischen Schwertlilien blühen. Ihre Massenbestände sind eine Attraktion und eine besondere Kostbarkeit der Bodenseeregion. Die Pflanzenart kommt in ähnlich großer Zahl auch im Eriskircher Ried, einem der bekanntesten Naturschutzgebiete am Bodensee, vor und gab dem Ort Eriskirch ("Iriskirch") den Namen. In den 1970er Jahren fiel das Blau dieser herrlichen Blume zwischen Bodman und Ludwigshafen kaum noch auf. Ein seinerzeit geplanter großer Freizeitpark hätte sogar das völlige Aus bedeutet. Aber es kam anders: Dort, wo früher zwei Sportplätze angelegt worden waren und wild gebadet wurde, wo Trampelpfade durch das Ried führten, all diese Bereiche wurden der Natur zurück gegeben und seither gepflegt. Nun bedankt sie sich mit einem schier unübersehbaren Bestand an blauen Schwertlilien – eine Erfolgsgeschichte des Naturschutzes.

Nimmt man als Ausgangspunkt das Strandbad Bodman im Norden des Ortes, wählt man zunächst am besten den schmalen Pfad entlang der Einzäunung des Yachthafens (der breite Weg weiter westlich mit der Wanderwegmarkierung ist weniger attraktiv). Als Erstes geht es tunnelartig durch ein Dickicht von Mandel-Weiden. Zur Zeit der Iris-Blüte hört man hier oft den Gesang der Nachtigall. Nach dem Weidentunnel entdeckt man rechts in Richtung See die ersten blauen Flächen der Iris. Links findet man an Stelle früherer Ackerflächen Feuchtwiesen mit Schwertlilien, aber auch massiert Bestände des hochwüchsigen Wiesen-Pippau. Er besitzt straußartige, gelbe Blütenstände, wobei die Einzelblüte dem Löwenzahn gleicht.

Rechts taucht schließlich das **Altwasser** der Stockacher Aach auf. Das Stillwasser mit seinen uralt wirkenden Silberweiden und dem gegenüberliegenden Schilfrohr erinnert an ein Urwaldgewässer. Die Silberweiden scheinen das ewige Leben zu besitzen, obwohl ihnen Stabilität fehlt. Immer wieder werden sie morsch, und Stürme knicken die dicken Stämme um. Ein holzbewohnender Pilz, der Schwefel-Porling, dessen gelbe Fruchtkörper manchmal zu sehen sind, tut das Seinige dazu. Aber das macht den Silberweiden wenig aus: sie treiben neu aus, und aus Ästen werden schließlich wieder Stämme. Im Altwasser führen Vögel und Frösche ein heimliches Leben. Aber ihre lauten Stimmen hört man, so die Triller des Zwergtauchers oder das Quaken der Grünfrösche.

Massenbestände der Sibirischen Schwertlilie

Sibirische Schwertlilie (Blüte)

Sibirische Schwertlilie

Am Ende des Altwassers stößt man auf den eingangs genannten großen breiten Weg (markierter Wanderweg), der alsbald über die **Stockacher Aach** führt. Rechts ist der Bereich, wo der Fluss in den Überlinger See mündet. Von der Aachbrücke aus kann man fast immer Haubentaucher beobachten, die irgendwo in der Nähe ihr Nest haben. Mit Glück sieht man auch eine andere Kostbarkeit des Bodensees: die Kolbenente. Die Männchen sind mit ihrem rostroten Kopf und dem knallroten Schnabel besonders prächtig.

Direkt nach der Aachbrücke sollte man nach links abbiegen (markierter Wanderweg). Dieser Weg durch das Ried wird weit weniger begangen als der breite Hauptweg geradeaus, den man sich für die Rückroute aufspart. Bald stößt man auf die Blütenfülle des Gewöhnlichen Schneeballs, und sobald die Sicht nach rechts frei ist, bekommt man eine Vorstellung, wel-

Wiesen-Pippau

Am Altwasserarm der Stockacher Aach

Kolbenenten-Paar

Gewöhnlicher Schneeball *Arznei-Beinwell*

Bodman

che Massen von Schwertlilien in der Nähe des für den Rückweg vorgesehenen Hauptweges blühen. An verschiedenen Stellen begegnet man auch der Gelben Schwertlilie, ebenfalls mit einer sehr schönen Blüte.

Es folgen nun **Wiesen**, die gelb vom Scharfen Hahnenfuß sind. Dazwischen erblüht in größeren Herden der Wiesen-Pippau. Cremeweiß blüht hier der Arznei-Beinwell, während andernorts seine Blüten zumeist rosa oder auch violett sind. Schließlich geht man durch einen auwaldartigen Bereich in Richtung Campingplatz Ludwigshafen. Am Campingplatz stößt man schließlich auf den Hauptweg, der zurück nach Bodman führt. Je mehr der Blick nach rechts frei wird, desto näher kommen die blauen Schwertlilien, bis sie schließlich direkt neben dem Weg stehen (hölzerne Abschrankung).

Von der Aussichtskanzel am Bodensee-Ufer nördlich der Aachmündung schaut man vollends in der Längsrichtung über den **Überlinger See** hinweg. Links sieht man die bewaldeten Höhen bzw. Berge im Hinterland von Sipplingen. Dort oben liegt der Gebäudekomplex der Bodensee-Wasserversorgung, wohin das Wasser aus der Tiefe des Überlinger Sees hochgepumpt, aufbereitet und als Trinkwasser in große Teile Baden-Württembergs geleitet wird. Direkt gegenüber auf der anderen Seite des Sees erhebt sich das Pendant zum Sipplinger Bergland, der Bodanrück. Auf der Höhe erkennt man die Burgruine Alt-Bodman und etwas tiefer das Gebäude mit der Wallfahrtskapelle Frauenberg. Zu Füßen der bewaldeten Berge erstreckt sich der Ort Bodman, eine der ältesten Siedlungen am Bodensee und namengebend für die deutsche Bezeichnung dieses großen mitteleuropäischen Gewässers (siehe Nr. 10).

44

Lehrpfad von Sipplingen zum Haldenhof

Schaufenster in die Schichten der Molasse

Lehrpfad von Sipplingen zum Haldenhof und den Steinbalmen mit Darstellung des gesamten geologischen Profils von der Unteren Süßwassermolasse bis zur Mindeleiszeit (12 Erläuterungstafeln). Pflanzenarten am südexponierten Wald-Steilhang; Aussichtspunkte auf dem Sipplinger Berg

Empfohlene Besuchszeit: Ende April/Anf. Mai

Pkw

- Nach Sipplingen: B 31 (alt) Ludwigshafen – Überlingen, bis Parkplatz am westlichen Ortsrand (westlicher Bootshafen) Sipplingen; weiter s.u.
- Zum Haldenhof: L 194/K 7786/7787/7773 Stockach oder Ludwigshafen – Bonndorf – Nesselwangen – Überlingen; ca. 1,5 km südöstlich Bonndorf abbiegen auf die Kreisstraße zum Haldenhof/Wasserwerk Sipplinger Berg

Bus

Überlingen – Stahringen (Fahrplan Nr. 7395, Überlinger See-Linie), bis Haltestelle Sipplingen-Bahnhof; zum Lehrpfad zum nordwestlichen bergseitigen Ortsrand

Eisenbahn

Singen – Friedrichshafen – Lindau (Fahrplan Nr. 731), bis Sipplingen; weiter s.o.

Schiff

Bodman – Überlingen (Fahrplan Nr. 10502; nur im Sommer), bis Sipplingen; weiter s.o.

Ziel für Wanderer (markierte Wanderwege)

- Bodensee-Rundweg (blauer Punkt mit Pfeil): Ludwigshafen – Sipplingen – Überlingen; am nordwestlichen Sipplinger Ortsrand zum Geologischen Lehrpfad (markierter Wanderweg zum Haldenhof)
- Heuberg-Allgäu-Weg (HW 9, roter Strich): Stockach – Haldenhof – Überlingen; ab Haldenhof über den Geologischen Lehrpfad (mark. Wanderweg) abwärts nach Sipplingen

Wegführung (s. Karte S. 194)

Geologielehrpfad ab dem nordwestlichen Ortsrand Sipplingen (ab Parkplatz am westlichen Bootshafen aufwärts durch die Burkhard-von-Hohenfels-Straße) auf markiertem Wanderweg zum Haldenhof (Gasthaus) und den Steinbalmen; Rückweg ab Haldenhof über Wasserwerk Bodenseewasserversorgung – Hommental (mark. Wanderweg HW 9) über die Steinbalmen hinweg (Aussichtspunkte); oder ohne Wegemarkierung (aber mit Erläuterungstafeln!) auf einem schmalen Pfad geradewegs in den Wald und dem Fuß der Steinbalmen entlang aufwärts, bis nach einem steilen Hohlweg am Ende der Steinbalmen oben der Wanderweg wieder erreicht wird; ab Wasserwerk auf markiertem Wanderweg in das Hommental. Weglänge: ca. 4,8 km; Höhendifferenz: 270 m

Bei der Faltung und Hebung der Alpen in der Kreide- und Tertiärzeit vor ca. 135 bis 5 Mio. Jahren entstand nördlich des aus dem erdmittelalterlichen Thetys-Meer emporwachsenden Gebirges ein etwa 900 km langer und bis zu 130 km breiter Trog, in welchem die Flüsse den Abtragungsschutt der umliegenden Festländer ablagerten. Heute bestehen diese, größtenteils aus den noch jungen Alpen stammenden, sehr mächtigen Ablagerungen aus mäßig verfestigten Sanden, Konglomeraten und Mergeln; sie werden als Molasse-Sedimente (lateinisch mollis = weich) zusammengefasst. Der Molassetrog war während des Tertiärs zeitweise vom Meer überflutet oder Festland mit großen Flüssen und Seen. Man unterscheidet daher entsprechend der zeitlichen Abfolge zwischen Unterer Meeresmolasse, Unterer Süßwassermolasse, Oberer Meeresmolasse und Oberer Süßwassermolasse.

Die Untere Meeresmolasse findet man nur in unmittelbarer Nähe der Alpennordgrenze; im Raum Sipplingen beginnt dementsprechend das geologische Profil erst mit der Unteren Süßwassermolasse. Der Geologische Lehrpfad erschließt, durch mehrere sehr anschauliche Tafeln erklärt, die gesamte Schichtenfolge bis hinauf in die Obere Süßwassermolasse mit den Haldenhofmergeln und Steinbalmensanden im Bereich des Haldenhofs. Steinbalmen sind felsüberdachte Aushöhlungen in einem weicheren Gestein.

Im Einzelnen findet man zunächst am **Beginn des Lehrpfades** am Sipplinger Ortsrand Sandstein und Mergel der Unteren Süßwassermolasse; ab 535 mNN beginnt die Obere Meeresmolasse mit den Heidenlöcherschichten (Glaukonitsande), dann folgen bis 594 mNN Sandschiefer, eine Muschelsandsteinbank und die Kirchberger Schichten (alpine Gerölle mit Albsteinbrocken; Samtsande, Brackwassermolasse). Darüber liegt die Obere Süßwassermolasse mit grauen Mergeln (Haldenhofmergel) und Süßwasserkalkbänken, ganz zuoberst kommen dann noch die gelblichen Glimmersande (Steinbalmensande), in welche die Deckenschotter (Nagelfluh) der Mindeleiszeit (vor ca. 270.000 Jahren) rinnenförmig eingelagert sind. Es handelt sich bei letzteren um Ablagerungen von Schmelzwasserflüssen, die durch vorwiegend kalkhaltige Bindemittel im Laufe der Jahrhunderttausende fest ("betonartig") miteinander verbacken wurden und bei der Verwitterung malerische Gesteinsformen ergeben.

Beim Begehen des Geologischen Lehrpfades folgt man am besten den Wanderwegmarkierungen, denn er verfügt über keine eigene Wegmarkierung, was das Auffinden der Erläuterungstafeln teilweise erschwert oder fast unmöglich macht (Orientierung gibt die Tafel 1 in Sipplingen und am Haldenhof). Die Pfade am Steilhang sind auf Grund des sandigen Felsgesteins nirgends glitschig, sondern trocken.

Der **Haldenhof** ist ein sehr beliebtes Ausflugsziel. Die Ausblicke sind einmalig; hier bietet sich der schönste **Blick** auf den Überlinger See und den gegenüberliegenden Bodanrück mit seinem bewaldeten Steilabfall. Im

Westen sieht man den Ort Bodman mit dem Frauenberg und der Ruine Alt-Bodman, im Osten Wallhausen; tief unten liegt am diesseitigen Ufer Sipplingen mit dem markanten Kirchturm.

Beim **Rückweg** vom Haldenhof nach Sipplingen geht man zunächst auf der Kante der Hochfläche ca. 100 Meter nach Osten zum Waldrand. Steigt man dort nicht auf dem markierten Wanderweg auf die Steinbalmen hinauf, sondern bleibt auf gleicher Höhe und nimmt den ohne Wanderwegmarkierung in den Wald hinein führenden Pfad (Teil des Lehrpfades!), kommt man am Fuße der eindrucksvollen **Steinbalmen** vorbei. Hier sieht man zunächst eine aus der Steilkante ragende Felskanzel mit einer bis etwa 8 Meter hohen Wand, die am westlichen Anfang eines über 300 Meter langen, teils unterbrochenen Felsbandes steht, in welchem Glimmersand von einer betonartigen Decke aus Nagelfluh überlagert ist. Am Ende der Steinbalmen gelangt man durch einen sehr steilen Hohlweg hinauf auf den Wanderweg (HW 9). Dort sollte man aber vor dem Weitergehen unbedingt kurz nach links abbiegen, um so noch auf die Nagelfluhplatte hinauf zu kommen, von welcher aus man einen herrlichen **Ausblick** genießen kann.

Auf dem weiter nach Osten führenden Wanderweg gelangt man in die unmittelbare Nähe der Aufbereitungsanlage der Bodensee-Wasserversorgung. Sie bezieht ihr Wasser aus dem Überlinger See; es wird dort gereinigt und aufbereitet, bevor es dann in Rohren nach Norden fließt, um große Teile Baden-Württembergs mit Trinkwasser zu versorgen. Auf dem Weg abwärts kommt man nach dem Verlassen des Waldes noch einmal zu einem sehr schönen Blick auf den Überlinger See und den großen Obersee; man sieht die Insel Mainau und den auf der Anhöhe gelegenen Ort Hödingen.

Blick über Sipplingen und den Überl. See

Pfad unter den Steinbalmen

Uralte Linde

Betonartige Nagelfluh

Finger-Segge

Bei den vielen Rotbuchen am Steilhang bricht Ende April das herrliche, frische Grün der Blätter aus. Die Wiesen sind ebenfalls saftig grün; aber das Gras ist noch nicht hoch. Im lichten **Wald** fällt insbesondere die Mandelblättrige Wolfsmilch auf, deren dunkelgrüne Blätter den Winter überdauerten und die nun mit gelbgrünen Blütenständen aufwartet. Wo Steilwände die Wege begleiten, findet ein ebenfalls wintergrünes Sauergras Halt, die Finger-Segge, die nun mit frischgrünem Austrieb aufwartet. Je weiter man vom Haldenhof hinab wandert, umso mehr gelangt man in den Frühling, d.h. immer mehr Pflanzenarten blühen auf.

45

Hödinger Tobel und die Sipplinger Churfirsten

Durch den wilden Tobel zu wunderlichen Gestalten

Tiefe Schlucht im Steilabfall der Überlinger Hochfläche zum See, südöstlich von Sipplingen, Erdpyramiden im Sipplinger Dreieck; Pflanzenarten der Schlucht, des Waldes und der sonnenexponierten Wiesen

Empfohlene Besuchszeit: Mai

Pkw
B 31 (alt) Stockach – Ludwigshafen – Sipplingen – Überlingen; bei Süßenmühle (beim Pumpwerk der Bodenseewasserversorgung) abbiegen auf das aufwärts führende Sträßchen und ca. 600 m bis zum Parkplatz seitwärts vor der Schlucht

Bus
Stahringen – Ludwigshafen – Überlingen (Fahrplan Nr. 7395), bis Haltestelle Süßenmühle; dann das Sträßchen aufwärts zur Schlucht

Ziel für Wanderer (markierte Wanderwge)
• Heuberg-Allgäu-Weg (HW 9, roter Strich): Stockach – Haldenhof – Hödingen – Überlingen; oberhalb des Hödinger Tobels gleichlaufend mit u.g. Rundwanderweg (Gegenrichtung)
• Bodensee-Rundweg (blauer Punkt mit Pfeil): Ludwigshafen – Sipplingen – Süßenmühle – Überlingen; im Sipplinger Dreieck zu den Churfirsten, in Süßenmühle zum Hödinger Tobel

Wegführung (s. Karte)
Rundwanderung ausschließlich auf markierten Wanderwegen ab dem Parkplatz am unteren Ende des Hödinger Tobels. In der Schlucht auf steilem Pfad und teilweise über eiserne Treppen steil aufwärts (gewisse Kondition erforderlich); kurz vor dem oberen Ende auf dem markierten Wanderweg (HW 9) Richtung Sipplingen links hinauf auf die Hochfläche, dann durch den Wald abwärts bis zu einem Sträßchen, über das man über Kehren weiter abwärts gehend (markierter Wanderweg nach Süßenmühle) wieder zum Parkplatz am Ausgangspunkt kommt; ab der zweiten Straßenkehre (außerhalb des Waldes in der Talmulde) kann man dem nach Westen abzweigenden Sträßchen folgend auf einem kleinen Umweg zu den Erdpyramiden (Churfirsten) gehen; nach gut 200 m wieder nach links auf den im spitzen Winkel von Südwesten einmündenden Feldweg, auf diesem zunächst dem Fuß des Rotweilerberges entlang und schließlich zurück zum Parkplatz am Ausgangspunkt; Länge: 3,5 km; Höhendifferenz: 130 m

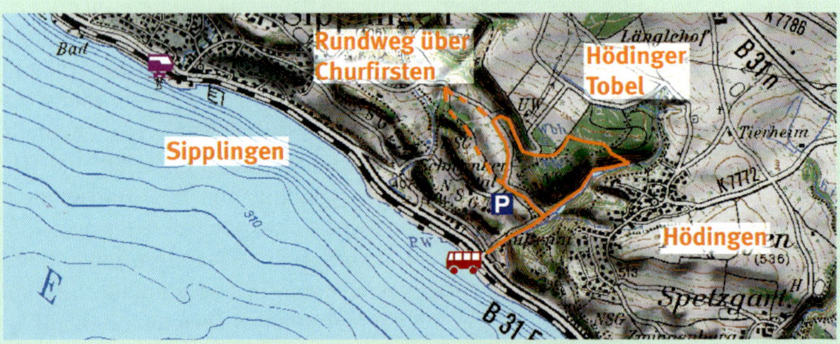

Der Hödinger Tobel ist eines der beeindruckendsten Landschaftselemente im Gebiet des westlichen Bodensees. Vieles hat dieser Tobel – eine tief eingeschnittene Bachschlucht – mit der Marienschlucht auf der gegenüberliegenden Seite des Überlinger Sees gemeinsam, er ist aber viel wilder und seine Begehung mit einem Hauch Abenteuer verbunden.

Wie die Marienschlucht ist der Hödinger Tobel erst nach der Würmeiszeit entstanden: Während dieser letzten Eiszeit, die hier bis vor etwa 15.000 Jahren dauerte, hobelte eine Zunge des Rheingletschers den Überlinger See aus. Das nicht sehr harte Molassegestein (verfestigte Molassesande und Mergel) bot dem Gletschereis wenig Widerstand, darum schürfte der Gletscher eine fjordartige Rinne mit steilen, hohen Wänden aus – den heutigen Überlinger See. Die Bäche der Hochfläche schnitten sich im Laufe der Zeit in das weiche Gestein tief ein. Im Falle des Hödinger Tobels ist es der Gießbach, der sich bis zu 120 Meter tief in seine Umgebung eingrub.

Auf dem Weg zum Hödinger Tobel lohnt es sich, kurz vor dem Weiher am **Schluchteingang**, einen Blick zurück zum Überlinger See zu werfen. Danach geht der Pfad hinein in die dunkle Schlucht mit den imposanten Sandsteinfelswänden. Der steile Weg mit Eisentreppen ist oft nass – auch dann, wenn es tagelang nicht regnete. Die Pflanzenwelt erinnert mit den vielen Farn-, Moos- und Lebermoos-Arten ein wenig an einen Urwald, der sich bisher jeglicher menschlichen "Pflege" und "Ordnung" hat entziehen können. Insbesondere Moos-Arten besiedeln rasch die Sinterablagerungen des Wassers.

Der Tobelwald besteht überwiegend aus Rotbuchen, aber auch Eschen und Berg-Ulmen sind zu finden. Am Boden gedeihen zahlreiche Waldpflanzen wie Leberblümchen, Waldmeister, Wechselblättriges Milzkraut, Dunkles Lungenkraut, Wald-Geißblatt, Ährige Teufelskralle, Hain-Gilbweiderich, Goldnessel, Wald-Erdbeere und Nestwurz, eine braune Orchideenart ohne eigenes Blattgrün. Hänge-Segge und Wald-Segge sind als "grasähnliche" Pflanzen ohne auffällige Blüten nicht besonders ins Auge stechend. Der Riesen-Schachtel-

Farne und Moose

Lebermoos und Nachtschnecke

Waldmeister

Nestwurz

Wechselblättriges Milzkraut

Wald-Erdbeere

Der Gießbach im Hödinger Tobel

halm mit den filigran verzweigten Ästen zeigt unterirdische Wasserströme an. Im oberen Teil der Schlucht dominiert im Waldschatten das Wilde Silberblatt. Im Frühjahr trägt es weißliche bis hellviolette Kreuzblüten und danach monatelang die halbmondförmigen Früchte bzw. deren Reste.

Nahe ihrem oberen Ende verlässt man die Schlucht und geht oberhalb von ihr durch den Wald wieder abwärts. In den **Wäldern** um den Hödinger Tobel ist die Strauchwicke, ein kleiner Strauch warmer Wälder, besonders auffällig; sie kommt an Straßen- und Wegrändern vor und ist im Mai voll beladen mit gelben Blüten.

Das Sträßchen führt hinunter in das sogenannte **Sipplinger Dreieck**. Die Besonderheit der schönen Kulturlandschaft um Sipplingen besteht in ihrer Vielgestaltigkeit. Schmale Bergrücken und steile, bewaldete Hügel, oft mit scharfem Grat oder gar bizarren Felsen, erheben sich über Streuobstwiesen. An einem dieser Hügel, dem Rotweilerberg, befindet sich ein kleines Naturwunder, die sogenannten **"Churfirsten"** (leider sind es nicht

Hödinger Tobel

Hänge-Segge

Riesen-Schachtelhalm

Wildes Silberblatt

Wundklee

Sonnenröschen

Gänse-Fingerkraut

mehr sieben). Das sind Erdpyramiden, dicht beisammen stehende, nadelförmige Türme aus Molassegestein. Die beeindruckenden Skulpturen entgingen nur deshalb der Erosion, weil sie platte Hüte aus festerem Gestein tragen, die das darunterliegende, weichere Gestein vor der Abtragung verschonten. Wo das Sträßchen die Talmulde erreicht, kann man vor der Rückkehr zum Ausgangspunkt der Rundwanderung noch einen kurzen Abstecher hinüber zum Rotweilerberg mit den "Churfirsten" machen.

Die Blumen der sonnigen **Wiesen** im Sipplinger Dreieck sind deutlich unterschieden von den Gewächsen im dunklen Hödinger Tobel. Man findet Margerite, Wiesen-Salbei, Rot-Klee, Acker-Witwenblume, Zaun-Wicke, Wundklee, Hornklee, Scharfen Hahnenfuß, Kleinen Wiesenknopf, Tauben-Skabiose – um nur einige der Blüher in den äußerst bunten Wiesen zu nennen. Eher am Wald- oder Wegrand wachsen Arten, die man gemeinhin aus Magerrasen kennt: Sonnenröschen, Hufeisenklee, Gänse-Fingerkraut, Zypressen-Wolfsmilch und Nickendes Leimkraut.

46

Lochmühle und Krebsbachtal bei Eigeltingen

Kinderparadies und romantisches Bach-Tal

Lochmühle ca. 300 m nordwestlich von Eigeltingen; Freizeitpark mit vielen Tieren. Krebsbachtal in der Südostabdachung der Hegaualb; Vegetation des Waldes und feuchter Wiesen; Geologie; Restaurant

Empfohlene Besuchszeit: Frühling bis Sommer

Pkw

B 31 Engen – Stockach, bis zum Straßenknoten in der Ortsmitte Eigeltingen; dann in nordwestliche Richtung abbiegen auf die Zufahrtsstraße zur Lochmühle (Wegweiser); Parkplätze

Bus

- Singen – Aach – Eigeltingen (Fahrplan Nr. 7364)
- Engen – Aach – Stockach (Fahrplan Nr. 7366)

jeweils bis Haltestelle Eigeltingen-Post; dann ab dem Straßenknoten in der Ortsmitte s.o.

Ziel für Wanderer (markierte Wanderwege)

- Witthoh – Emmingen ab Egg – Honstetten – Tudoburg – Eigeltingen – Orsingen – Wahlwies; zwischen Tudoburg und Lochmühle auf dem u.g. Wanderweg (Gegenrichtung)
- Aach – Wasserburger Tal – Honstetten – Tudoburg – Eigeltingen (gelbe Raute); zwischen Tudoburg und Lochmühle s.o.

Wegführung (s. Karte)

Ab Lochmühle ca. 2,5 km auf markiertem Wanderweg durch das Krebsbachtal bis zur Tudoburg (gleicher Rückweg oder zurück auf dem Bergplateau östlich des Tals auf markiertem Wanderweg)

Die Lochmühle ist ein Freizeitpark, der ohne Eintritt frei zugänglich ist und bei einem Besuch für die ganze Familie etwas zu bieten hat. Neben einer Reihe von Attraktionen und sportlichen Angeboten für Kinder und Erwachsene gibt es Sammlungen alter Kutschen, von Mühlsteinen und von Mühlrädern, die teils in Betrieb gesetzt werden können. Zwischen Weihern und Teichanlagen tummeln sich in Gehegen Tauben, Enten, Gänse, Ponies, Esel, Schafe, Kaninchen, Hängebauchschweine und Lamas.

Das Erscheinungsbild der **Lochmühlen-Umgebung** wird vom Jurakalkstein, genauer von den Hangenden Bankkalken des Weißjuras beherrscht. Aus ihnen bestehen die Talhänge, die Steilwände des stillgelegten Steinbruchs, die Prallufer des Krebsbaches und im Freizeitpark die großen Begrenzungssteine. Naturräumlich gehört das Areal noch zur Schwäbischen Alb, genauer zur Hegau-Alb. Von der Lochmühle aus gesehen "tauchen" die Weißjura-Schichten, das typische Gestein der Alb, in südöstlicher Richtung ab und werden überlagert von Schottern und Moränen der Eiszeiten sowie den Molassegesteinen des Alpenvorlandes.

Bei einem Besuch der Lochmühle bietet sich ein schöner Spaziergang für die ganze Familie oder eine längere Wanderung durch das **Krebsbachtal** bis zur Tudoburg an. Das Tal beginnt direkt hinter der Lochmühle und dringt bachaufwärts in die Hegau-Alb ein. Der Krebsbach schnitt in das hellgraue, teils auch leicht gelbliche, stets aber horizontal in gleichmäßigen Schichten gelagerte Kalkgestein ein tiefes, gewundenes und schmales Tal, das eines der wenigen Landschaftsschutzgebiete der Umgebung ist. Die Hänge sind bewaldet, der Talgrund wird durchgehend von Feuchtwiesen eingenommen. Der breite Fahrweg überquert immer wieder den Krebsbach; stets hört man das Plätschern des schnell fließenden Baches.

Restaurant Lochmühle mit alten Mühlsteinen

Krebsbachtal

Jura-Kalkstein

Berg-Ulme

Der Weg wird von der Vegetation des Wald- und Bachrandes sowie der Wiesen begleitet. Holztafeln an manchen Bäumen erläutern die Baumarten des Krebsbachtales, seien es etwa die Esche, der Bergahorn oder die Winterlinde. Mag das Ulmensterben

Wald-Ziest

Aronstab (fruchtend)

Hummel

vielen alten Exemplaren der Berg-Ulme das Leben gekostet haben, junge Ulmen wachsen immer noch auf, weil sie von der tödlichen Krankheit noch nicht erfasst sind. Am Bach erkennt man sie an den Blättern mit drei nach vorne zeigenden Zipfeln.

Im zeitigen Frühjahr fallen im **Hangbuchenwald** die vielen blauen Leberblümchen auf. Weniger auffallend sind die großen Blütenstands-Hüllblätter des Aronstabes, weil sie sich mit ihrer blassgrünlichen Farbe wenig vom Grün anderer Pflanzen abheben – ganz anders sind dagegen im Spätsommer die Fruchtstände mit ihren mennigeroten Beeren.

Im Juni blühen die zahlreichen hohen Stauden des Wald-Geißbartes. Seine cremefarbene Blütenstände sind so attraktiv, dass er eine der wenigen heimischen Pflanzenarten ist, die auch in unseren Ziergärten Eingang fand. Die Schönheit des häufigen Wald-Ziestes fällt erst auf, wenn man die dunkelpurpurnen Lippenblüten aus der Nähe betrachtet. Im Übergangsbereich zu den Wiesen kann man stellenweise große Herden des Riesen-Schachtelhalmes sehen.

In den feuchten **Talwiesen** tritt eine Pflanzenart häufig auf, die erst nach dem Heuschnitt in die Höhe schießt und dann fast mannshoch werden kann: die Kohldistel. Ihre cremefarbenen Blütenköpfe sind zwar nicht so ansehnlich wie diejenigen anderer Distel-Arten; aber ihre Attraktivität für Hummeln ist offenbar groß. Vor allem Feld- und Steinhummeln findet man auf den Blütenköpfen. Bei Ersteren ist die Brust oben fuchsrötlichbraun, bei Letzteren das Ende des ansonsten schwarzen Körpers. Wenn in den trockenen Abschnitten der Wiesen die Knäuel-Glockenblume blüht, dann fällt diese durch die eng zusammenstehenden, relativ großen, violetten Blüten auf. Auffallend ist im Krebsbachtal auch eine Vogelart, die Gebirgsbachstelze, wenn sie im ausgeprägt wellenförmigen Flug laut rufend durch das Tal fliegt.

Die **Tudoburg** – am Ende der Wanderstrecke gelegen – thront auf einem bewaldeten Bergsporn oberhalb des Tales (nahe des Eigeltinger Teilorts Honstetten). Von ihr sind noch einige eindrückliche Mauerreste aus Kalkstein erhalten geblieben. Ihre geschichtlichen Daten liegen immer noch weitgehend im Dunkeln.

47

Stockacher Quellerlebniswege

Stadt der Quellen

Vier Quellenerlebniswege zum Thema Quellen und Wasser in der näheren Umgebung von Stockach; für Erwachsene und Kinder gut begehbar, festes Schuhwerk ratsam (hier Beschreibung der Themenwege 3 und 4)

Empfohlene Besuchszeit: Winter, Frühling, Sommer

Themenweg 3

Lebensraum Quelle; Rundweg im Hügelland nordöstlich der Kernstadt Stockach; ab Parkplatz bei der Berlinger Siedlung (Besetze) an der Kreisstraße nach Zoznegg, ca. 1 km außerhalb des Ortsrandes von Stockach; Länge ca. 3,5 km

Pkw

K 6180 Stockach – Zoznegg – Mühlingen, bis zum o.g. Parkplatz

Bus

Stockach Busbahnhof – Zoznegg – Mühlingen (Fahrplan Nr. 1000; nur montags bis freitags), bis Haltestelle Besetze – Berlinger Weg

Eisenbahn

Radolfzell – Stockach (Fahrplan Nr. 732); ab Bahnhof Stockach auf markiertem Wanderweg (Heuberg – Allgäu-Weg, s.u.) bis zum o.g. Parkplatz

Ziel für Wanderer (markierte Wanderwege)

- Heuberg-Allgäu-Weg (HW 9, roter Strich): Hoppetenzell – Stockach – Überlingen; ab o.g. Parkplatz auf ca. 1,4 km gleichlaufend mit Teilstrecke des o.g. Rundwegs
- Ludwigshafen – Airach – Jettweiler – Berlinger Siedlung – Heidenhöhlen (s.a. Nr. 17) – Zizenhausen (gelbe Raute); zwischen Jettweiler und o.g. Parkplatz bei der Berlinger Siedlung gleichlaufend mit Teilstrecke des o.g. Rundwegs

Themenweg 4

Tierarten an Weihern, Quellen, Quellbächen; Bachauen. Rundweg im Bereich des Buchholz-Waldes und des Weilers Airach, ca. 1,5 km östlich der Kernstadt Stockach, beginnend am Freibad an der Landesstraße nach Winterspüren – Pfullendorf; Länge ca. 5,5 km

Pkw

L 194 Stockach – Mahlspüren – Pfullendorf; bis zum Freibad am Stockacher Ortsrand

Bus

- Stockach Busbahnhof – Hohenfels (Fahrplan Nr. 7393);
- Pfullendorf oder Überlingen – Owingen – Stockach (Fahrplan Nr. 7392, nur werktags); Jeweils bis Haltestelle Stockach-Freibad

Eisenbahn

Radolfzell – Stockach (Fahrplan Nr. 732); ab Bahnhof Stockach auf markiertem Wanderweg bis zum o.g. Freibad

Ziel für Wanderer (markierte Wanderwege)

- Heuberg-Allgäu-Weg (HW 9, roter Strich): Hoppetenzell – Stockach – Überlingen; zwischen Osterholz und dem Weiler Airach gleichlaufend mit Teilstrecke des o.g. Rundwegs; von Stockach her besser ab Sportgelände auf markiertem Wanderweg (s.u.) zum Freibad
- Stockach – Winterspüren (gelbe Raute); zwischen Sportgelände und dem östlichen Ende des Waldrandes am Buchholz gleichlaufend mit Teilstrecken des o.g. Rundwegs

Stockach wurde zur "Quellenstadt", nachdem das hier ansässige Umweltzentrum durch Untersuchungen herausgefunden hatte, dass es im Einzugsgebiet der Stockacher Aach beinahe 1.000 Quellen gibt – eine stolze Zahl! Unter "Quellen" sind alle Arten von natürlichen Austritten des Grundwassers an der Erdoberfläche erfasst worden. Dazu gehören natürlich die Stellen, an denen das Wasser aus einer Öffnung aus dem Boden hervor strömt, aber auch Sickerquellen, in denen das Wasser flächig hervor tritt und zur Vernässung ganzer Bereiche beiträgt.

Die Stadt Stockach richtete im Anschluss an die Untersuchung vier Quellerlebniswege mit jeweils 3,5 bis 5,5 km Länge ein, die alle in Stadtnähe liegen, aber dennoch meist durch Wald führen. Auf 27 Stationen bieten farbige Tafeln entlang der Wege Informationen zum Thema Quelle sowie Wissenswertes zum Thema Wasser allgemein. Der Ausgangspunkt des Themenweges 1 (Vom Ursprung des Wassers) liegt am südlichen Stockacher Stadtrand am Ende der Waldstraße, der Themenweg 2 (Quellsagen und Legenden) beginnt an der Nellenburg, der Themenweg 3 (Tier- und Pflanzenwelt der Quellen) an der Berlinger Siedlung und der Themenweg 4 (Quellbach und Weiher) am Freibad. Eine kleine Broschüre der Stadt Stockach zu den Quellerlebniswegen ist im Tourist-Info Stockach (Salmannsweiler Straße 1) erhältlich.

Für den auch an der Pflanzen- und Tierwelt Interessierten bieten die Themenwege 3 und 4 in den Feucht- und Nasswäldern tief eingeschnittener Bachtäler (sog. Tobel) einige Besonderheiten, weshalb auf diese beiden Wege näher eingegangen wird.

Im Winterhalbjahr fallen bei der **Wegroute 3** insbesondere die ausgesprochen großen Exemplare des immergrünen astlose Winter-Schachtelhalms auf. Er wächst bevorzugt auf wasserzügigem Waldboden. Im Sommer ist es eine andere Schachtelhalm-Art, der sommergrüne Riesen-Schachtelhalm, der mit Höhen bis zu 120 cm weit mehr ins Auge fällt als seine wintergrüne Schwester-Art. Im zeitigen Frühjahr sind Teppiche des Wechselblättrigen Milzkrautes mit ihren goldgelben Pflanzenherzen ausgesprochen reizvoll. In der Umgebung von Stockach ist Ende März/Anfang April die Große Schlüsselblume stark vertreten.

Auf der **Wegroute 4** kann man bei der Friedensgrotte im Osterholz-Wald die Pflanzen- und Tierwelt feuchter bis nasser Standorte studieren. Besonders stark ist hier ein Lebermoos, das Kegelkopfmoos, vertreten. Das frischgrüne Moos liebt feuchte Wälder und überzieht mit dem Geflecht seiner breiten Lappen gern den Waldboden. Wer genau hinschaut, wird eine filigrane, sechseckige Felderung auf der Oberfläche der Lappen entdecken.

An einem feuchten Juni-Tag kann es sein, dass die Gefahr, junge Erdkröten zu zertreten, allzu groß ist. Im Volksmund spricht man in einem solchen Fall von einem Froschregen. Es sind aber keine Frösche sondern Erdkröten, die aus dem nahen "Eisweiher", in welchem sie die Kaulquappen-Zeit verbrachten, auswandern und nun ihre Lebensräume im Wald besiedeln. Der Eisweiher wird im zeitigen Frühjahr massenhaft von den Erdkröten zum Ablaichen aufgesucht – ein eindrucksvolles Spektakel, wenn die Weibchen Anfang März zum Wasser wandern und ihnen die zahlreicheren Männchen auflauern.

Im Winter kann die Stockacher Aach, deren beide Äste in Stockach zusammenmünden, ein besonderes Erlebnis bieten: den Gesang der Wasseramsel. Zu dieser Zeit singen in unseren Breiten ansonsten nur Zaunkönig und Rotkehlchen.

Stockacher Eisweiher

Riesen-Schachtelhalm

Winter-Schachtelhalm

Wald-Schlüsselblume

Kegelkopfmoos

48

Die Heidenhöhlen bei Zizenhausen

Geheimnisvolle Höhlen in Molassefelsen

Molassefelsen am westlichen Hang des Heidenbühls am östlichen Ortsrand von Zizenhausen-Bleiche (Stadt Stockach); künstliche Höhlen. Frühlingsflora, Geologie, Aussicht

Empfohlene Besuchszeit: April

Pkw
K 6180 Stockach – Zoznegg – Mühlingen; ca. 1 km nach der Ortsausfahrt Stockach bei der Häusergruppe Berlinger Siedlung nach Westen abbiegen zum u.g. Wanderparkplatz; dann ca. 600 m zu Fuß

Bus
- Stockach – Zoznegg – Mühlingen (Fahrplan Nr. 1000, nur montags bis freitags), bis Haltestelle Stockach-Besetze/Berlinger Weg; weiter durch die Berlinger Siedlung zum o.g. Wanderparkplatz (markierter Wanderweg)
- Stockach – Sigmaringen (Fahrplan Nr. 7391), bis Haltestelle Zizenhausen-Mitte; dann auf markiertem Wanderweg (s.u.) nach Süden durch den Ortsteil Bleiche aufwärts zu den direkt oberhalb des Ortes gelegenen Höhlen

Ziel für Wanderer (markierte Wanderwege)
- Stockach – Hindelwangen – Bleiche
- Heuberg-Allgäu-Weg (HW 9, roter Strich): Überlingen – Stockach – Hoppetenzell, ab Stockach-Besetze Stichweg zu den Heidenhöhlen

Wegführung (s. Karte)
Zugang zu den Höhlen über einen Fußweg ab dem Wanderparkplatz nahe der Berlinger Siedlung südöstlich des Heidenbühls, oder ab Zizenhausen auf dem markierten Wanderweg; im Bereich der Höhlen teilweise etwas schwierig begehbarer Fußweg in steilem Gelände; Rückweg zum Wanderparkplatz über einen Rundwanderweg um den Heidenbühl möglich; Länge: 3,8 km.

In unmittelbarer Nachbarschaft von Zizenhausen stürzt der Berg “Heidenbühl” steil ins Tal der Stockacher Aach ab. In die hohen Felswände der Oberen Meeresmolasse (Grobsandsteine, Leistensand), die den obersten Teil des Steilhanges bilden, wurden Höhlen, Nischen und Gänge, die sogenannten Heidenhöhlen, hineingehauen.

Die **Felswände** der Oberen Meeresmolasse haben eine hellgelbe Färbung. Immer wieder ragen Schichten hervor, welche der Verwitterung stärker widerstanden (härtere Kalksandlagen, die leistenartig vorstehen). Eine Informationstafel weist darauf hin, dass man im Sandstein der Meeresmolasse Haifischzähne finden kann. Während der beginnenden Alpenfaltung in der Tertiärzeit hatte sich im nördlichen Vorland des sich erhebenden Gebirges ein tiefes Becken gebildet, das über sehr lange Zeit auch meeresbedeckt war. In diesem Meeresbecken lebten Haifische; im Laufe der Zeit wurde es aber mit dem Gesteinsmaterial aufgefüllt, das in den entstehenden Alpen abgetragen und auf dem “Wasserwege” hierher transportiert worden war.

Die frei zugänglichen **Heidenhöhlen** wurden von Menschenhand geschaffen – Entstehungszeitraum und Verwendungszweck sind allerdings nicht bekannt. Die Erbauer nutzten geschickt die unterschiedliche Härte der Sandsteinschichten: Die eigentlichen Hohlräume sind in die vergleichsweise weicheren Sandsteine getrieben, härtere Bänke dienen als Decken oder Böden. Es empfiehlt sich, den Heidenbühl im Frühjahr vor dem Laubausbruch der Bäume zu besuchen, da dann die steilen Felswände und die Höhlen besonders gut zur Geltung kommen. Am Fuße der Wände mit den Höhlen

Heidenhöhlen

Busch-Windröschen

Wald-Sauerklee

Scharbockskraut *Mandelbl. Wolfsmilch*

Wechselblättriges Milzkraut

zieht sich ein Pfad hin, der trotz der Steilheit des Geländes nur teilweise gesichert ist.

Bei einer Begehung des Gebietes im April, wenn die Waldbäume noch nicht ihr Laubdach entfaltet haben, stößt man auf viele **Frühlingsboten**. Am auffälligsten sind die Kissen der Busch-Windröschen mit ihren vielen sternengleichen, weißen Blüten. Ähnlich sind die Blüten des Wald-Sauerklees. Die kleeartigen Laubblätter fallen zu dieser Zeit allerdings erst durch ihr besonders helles Grün auf. Busch-Windröschen und Sauerklee sind typische und weit verbreitete Waldbewohner. Ein ebenfalls gemeiner Frühlingsblüher mit gelben Blütensternen ist das Scharbockskraut. Weit seltener dagegen ist die wintergrüne Mandelblättrige Wolfsmilch, die ebenfalls zu dieser Zeit blüht. Gleiches gilt für die Frühlings-Platterbse mit ihren purpurroten Blüten. Man kann Bärlauch-Blätter für Salat oder Suppe mitnehmen, man findet sie in den tieferen und grundfeuchteren Lagen des Berges (Vorsicht, Verwechslungsgefahr mit giftigen Maiglöckchen!). Dort trifft man dann auch auf die wunderschönen Wald-Schlüsselblumen und auf das in größeren Flecken wachsende, gelbgrün blühende Wechselblättrige Milzkraut. Das zarte Pflänzchen bevorzugt schattige, feuchte Wälder, in denen es vor Austrocknung geschützt ist.

Auf dem höchsten Punkt des Heidenbühls befinden sich ein Wasserhochbehälter (623 m) und auf dessen ebener Hochfläche eine Reihe von Aussichtsbänken, von denen aus nur im laublosen Winterhalbjahr ein schöner Blick auf Stockach möglich ist, solange keine Sichtschneise geschaffen wird.

49

Das Heudorfer Ried

Wandel und Entwicklung einer Kulturlandschaft

Ehemaliges Niedermoor südlich von Heudorf im Hegau (Gemeinde Eigeltingen). Feuchtwiesen; seltene Flora und Fauna; Naturschutzgebiet

Empfohlene Besuchszeit: Sommer

Pkw
L 440/B 14 Eigeltingen – Heudorf – Liptingen – Tuttlingen, bis zum Parkplatz am südlichen Ortsrand von Heudorf

Bus
- Stockach – Heudorf – Liptingen – Tuttlingen (Fahrplan Nr. 7375 B/A);
- Eigeltingen – Heudorf (Fahrplan Nr. 7365; nur montags bis freitags);

jeweils ab Haltestelle Heudorf-Bohlhof oder -Ortsmitte zum Parkplatz am südlichen Ortsrand

Ziel für Wanderer (markierter Wanderweg)
Eigeltingen – Tudoburg – Reute im Hegau – Heudorf – Raithaslach – Stockach; im Heudorfer Ried gleichlaufend mit Teilstrecken der u.g. Rundwanderwege

Wegführung (s. Karte)
Markierte Rundwanderwege 1 und 2 ab Parkplatz unmittelbar am südlichen Ortsrand; entlang der Rundwege 4 Informationstafeln, 3 Rastplätze; festes Schuhwerk, Rundweg 2 auch für Familienspaziergänge geeignet. Länge 7,0 bzw. 5,7 km

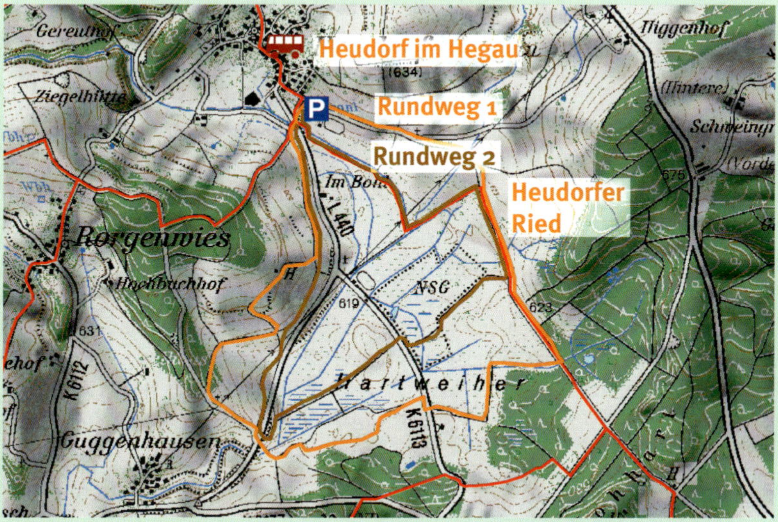

Während der vorletzten Eiszeit (Riss-Eiszeit, vor ca. 130.000 Jahren) stießen die Gletscher weiter in das Alpenvorland vor als in der folgenden Würm-Eiszeit (vor ca. 20.000 Jahren). So entstand eine ältere Endmoräne nördlich des heutigen Heudorf und eine jüngere weiter südlich, da der Gletscher der Würm-Eiszeit bereits an der Linie Homberg – Münchhöf – Raithaslach endete. Im Gebiet zwischen den beiden Endmoränen, einem heute noch bestehenden großen Becken, entstand nach dem Abschmelzen des Eises ein großer See, der über die Jahrtausende hinweg verlandete.

Ein zweiter See, der wesentlich kleiner als der Vorgänger war, aber mit 58 Hektar immer noch recht groß, wurde zur herrschaftlichen Karpfenzucht angestaut. 1775 gab man ihn auf, damit die Bauern mehr Land zur Bewirtschaftung bekamen. Der letzte Teich wurde zu Naturschutzzwecken am Rande des heutigen Naturschutzgebietes angelegt. Er ist gemessen an seinen Vorgängern ein Winzling.

In einem großen Flurneuordnungsverfahren in Verbindung mit einer PLENUM-Maßnahme wurde vor einigen Jahren das Gebiet des Heudorfer Riedes so entwickelt, dass einerseits für die Landwirte Zukunftsperspektiven für die weitere Nutzung geschaffen, andererseits wertvolle Arten und Gesellschaften der Pflanzen- und Tierwelt in ihrem weiteren Bestand gesichert wurden. Davon profitieren jetzt nicht nur die Bewohner Heudorfs, sondern auch an Natur und Landschaft interessierte Besucher, die sonst wohl kaum in diese Gegend kommen würden. Über die Entstehung, Geschichte (einschließlich der wechselnden Nutzungsarten), Landwirtschaft und den Naturschutz geben außer den Informationstafeln an vier Stationen auch ein Prospekt (herausgegeben von der Gemeinde Eigeltingen) und die Internet-Adresse www.hardtweiher.de umfassende Auskunft.

Die Landschaft südlich von Heudorf ist eine weite, feuchte **Senke**. Man kann von den umliegenden Höhen das gesamte Becken überblicken. Nur wenige Gehölze durchziehen das flache Ried-Gelände, am markantesten ist eine Reihe alter Hybridpappeln entlang eines Fahrweges.

Im Folgenden wird der kurze Rundweg (**Rundweg 2**) beschrieben. Schon der Ausgangspunkt, der Parkplatz, ist bemerkenswert, denn er ist nicht wie sonst in der Regel vegetationslos, sondern in die Natur eingebunden. Man parkt auf Gras, und die Umfriedung sowie die Parkbuchten sind von Strauchwerk gesäumt. Es handelt sich insbesondere um die Kartoffelrose und die Bereifte Rose. Beide Arten sind nicht nur im kurzen Blütenflor schön, sie wirken auch lange Zeit mit ihrem Schmuck aus roten Hagebutten.

Der Weg verläuft nun nach Südosten, immer in Nachbarschaft eines Grabens mit dem Namen Geistermühlebächle. Seitlich des Grabens wachsen verschiedene Strauch- und Baumstrauchweiden, die durch ihren kräftigen Wuchs zeigen, dass ihnen der Standort passt. Das Areal rechts des Weges wird bis zur Landesstraße von **Feuchtwiesen** eingenommen, die zweimal im Jahr gemäht werden. In den Randzonen der Wiesen kommt im Sommer – nach der ersten Mahd der Wiesen – insbesondere der Bärenklau auf, er überragt mit den breiten Dolden die übrigen Wiesenpflanzen. Große Bestände bildet auch der himmelblau blühende Wiesen-Storchschnabel. Im zentralen Bereich des Heudorfer Rieds herrscht die Kohldistel vor, eine typische Vertreterin feuchter Riedwiesen. Zwei sehr schöne und in den Blütenähren recht ähnliche Knöterich-Arten ziehen die Blicke auf sich. Die rosafarbenen Ähren gehören meist zum Schlangen-Knöterich; die ähnlichen Ähren der Landform des selteneren Wasser-Knöterichs, der ansonsten als Lebensraum stehendes Wasser bevorzugt, sind aber auch stark vertreten.

Unser Weg stößt schließlich auf einen ebenso breiten Weg, der von alten Hybridpappeln gesäumt ist (Abkürzung zum Rückweg jenseits der Landes-/Kreisstraße möglich). Zwischen den hohen Pappelbäumen und

Kartoffel-Rose

Bereifte Rose

Bärenklau

Wiesen-Storchschnabel

Schlangen-Knöterich

Schlangen-Knöterich *Wasser-Knöterich*

Trollblume

Klatschmohn

Kornblume

dem Weg wurde ein breiter Streifen mit Sträuchern bepflanzt. Diesen scheint es hier weniger zu gefallen – wovon aber der Betrachter profitiert; denn die Sträucher sind relativ klein geblieben und nicht miteinander zu einer Hecke verbunden. Es wurden auch etliche Berberitzen gepflanzt, die hier allerdings nicht durch rote Beeren auffallen. Ganz anders die vielen Wasserschneeball-, Pfaffenhütchen-, Rosen- und Kreuzdorn-Sträucher, die im Spätsommer und Frühherbst in vollem Fruchtschmuck stehen. An den Gräben wachsen typische Pflanzen wie Mädesüß und Blutweiderich. Das hübsche Kraut Rührmich-nicht-an ist mit seinen großen, hängenden Blüten vertreten. In den feuchten Wiesen sollte man, wenn sie nicht gerade gemäht wurden, nach der Trollblume Ausschau halten.

Die Fortsetzung des Rundweges 2 führt nun nach Nordosten und erreicht den Rundweg 1, dem er nach Südosten folgt, bis er nach ca. 500 m wieder abzweigt und das westlich gelegene Naturschutzgebiet (21,5 ha) berührt. Hier gibt es vor allem Besonderheiten aus der **Vogelwelt**, so eine sehr kleine Population des immer seltener werdenden Braunkehlchens, außerdem Rohrammer, Sumpfrohrsänger, Feldschwirl und Feldlerche, alles Arten, die im Heudorfer Ried gut vertreten sind.

Nach der Querung der Kreisstraße sowie der Landesstraße führt der Rest des Weges nach Norden durch die Feldflur am Hang entlang. Der Weg ist streckenweise gesäumt von alten Mostobstbäumen, aber auch von nachgepflanzten Jungbäumen. Mit einigem Glück kann man in Äckern Klatschmohn und Kornblume zusammen blühen sehen – ein Anblick, wie man ihn im Gegensatz zu früheren Zeiten heute sonst kaum noch antrifft.

50

Die Schwackenreuter-Sauldorfer Seenplatte

Ein neues Idyll an der Grenze des Hegaus

Kette von Baggerseen an der Grenze der Gemeinden Mühlingen (Landkreis Konstanz) und Sauldorf (Landkreis Sigmaringen); naturhaft erscheinende Landschaft; Pflanzen- und Tierarten der Seen und Feuchtgebiete; Geologie

Empfohlene Besuchszeit: Sommer

Pkw

B 313 Stockach – Meßkirch – Sigmaringen, bis südlich Bahnhof Schwackenreute; dort über den Bahnübergang der Kreisstraße Richtung Hohenfels-Mindersdorf und dann sofort nach Norden abbiegen, bei der Abschrankung des Kieswerks nach Osten durch das kleine Gehöft zum Parkplatz am See

Bus

Stockach – Sigmaringen, bis Bahnhof Schwackenreute (Fahrplan Nr. 7391); dann s.u.

Ziel für Wanderer (Markierte Wanderwege)

• Stockach – Zoznegg – Sauldorfer Baggerseen – Meßkirch; im Bereich der Baggerseen entlang der Seeufer, s.u.

• Mühlingen – Schwackenreute – Sauldorfer Baggerseen – Hohenfels-Liggersdorf; im Bereich der Baggerseen entlang der Seeufer, s.u.

Wegführung (s. Karte)

Von den Baggerseen bzw. Teichen nahe des Bahnhofs Schwackenreute und entlang der Bahnlinie Schwackenreute – Sauldorf ist die südwestliche Seite der Schwackenreuter Seenplatte begehbar. Ab Bahnhof Schwackenreute zum Bahnübergang der Kreisstraße nach Mindersdorf und dann sofort entlang der Bahngleise nach Norden; bei der Abschrankung des Kieswerkes nach Osten durch das kleine Gehöft zum Beobachtungsturm am See (Parkplatz); weiter an den Seen entlang nach Südwesten zu einem zweiten Beobachtungsturm an der Ablenkung der ehemaligen oberen Ablach in die Stockacher Aach (Metallsäule zur Kennzeichnung der Wasserscheide Rhein/Donau).

Europäische Wasserscheide (Metallsäule)

Haubentaucher-Paar

Höckerschwäne

Im nordöstlichen Grenzbereich des Hegaus, wo der Oberlauf der sich nach Süden wendenden Stockacher Aach und Quelläste der nach Nordosten gerichteten Ablach eng miteinander verzahnt sind, gibt es eine Kette von Seen bzw. Teichen, die im Laufe der letzten Jahrzehnte durch Kiesabbau entstanden sind. Bis vor kurzem wurden noch Schotter einer würmeiszeitlichen Schmelzwasserrinne abgebaut, die im Bereich Hohenfels begann und den Ursprung des heutigen, bei Mengen in die Donau mündenden Ablachtales bildet. Die muldenförmigen Kiesgruben, die im Verlauf einer ebenen und kaum eingetieften Talsohle entstanden sind, füllten sich auf Grund des oberflächennahen Grundwasserspiegels mit Wasser – so entstanden **Seen** von besonderer Schönheit, die meist nur Vogelfreunden bekannt sind. Die Seen sind wenige Meter tief, da die Kieslager wegen ihrer geringen Mächtigkeit nur oberflächennah abgebaut werden konnten.

Zwischen den Seen verläuft die **Europäische Wasserscheide** zwischen Rhein und Donau bzw. Nordsee und Schwarzem Meer. Diese Grenze wurde im Jahre 1699 zugunsten der Nordsee verschoben, indem der durch dieses Gebiet fließende, aus dem Raum Hohenfels kommende Quellbach bzw. Oberlauf der Ablach nach Süden zur

Stockacher Aach umgeleitet wurde, um das fürstenbergische Hammerwerk in Zizenhausen mit genügend Wasser zu versorgen. Es entstand eine Bifurkation (Flussteilung); denn über den Gröbelgraben gibt es noch einen "Verbindungskanal" zwischen dem ehemaligen Oberlauf der Ablach und deren heutigem oberen Beginn. Durch die Seenplatte verläuft auch die Grenze zwischen den Landkreisen Konstanz und Sigmaringen; die Seen gehören zu den Gemeinden Mühlingen (Schwackenreuter Seenplatte) und Sauldorf (Sauldorfer Seenplatte).

An Wochentagen kann man das landschaftliche Idyll voll genießen. Es herrscht völlige Ruhe, und das Landschaftsbild wird weder durch Häuser noch durch belebte Straßen, Boote auf dem Wasser oder durch Angelstege gestört. Man hört an Frühsommertagen lediglich das Konzert der Grünfrösche, wie auch die Rufe der Wasservögel. An warmen Wochenenden kann es allerdings anders sein, wenn Badebetrieb an dem dafür frei gegebenen See herrscht.

Von besonderer landschaftlicher Schönheit ist die südliche, die **Schwackenreuter Seenplatte**. Da das Angeln dort gebiets- und zeitweise erlaubt ist, kann man an den vielen Angelplätzen direkt bis ans Ufer gelangen und den Blick über das Wasser genie-

Becher-Azurjungfrau

Frühe Adonislibelle

Vierfleck

Quirlblütiges Tausendblatt

Krebsschere

Echte Sumpfbinse

Sumpf-Kratzdistel

Wasser-Knöterich

ßen. Für den Vogelfreund ist die nördliche, die **Sauldorfer Seenplatte**, zwar interessanter, aber auch im Süden kann man zur Sommerzeit zahlreiche Vögel beobachten. Haubentaucher und Bläßrallen führen dann ihren Nachwuchs aus. Gleiches gilt für die Höckerschwäne, majestätische Vögel, die das Bild der Ruhe verstärken. Schwieriger sind im Sommer die Enten-Arten zu beobachten. Ein so prächtiger Vogel wie das Kolbenenten-Männchen fällt aber immer auf.

An manchen Frühsommertagen scheint die Ufervegetation blau zu sein von den vielen Männchen der Azurjungfern. Aber auch viele weitere **Libellenarten** wie Große Blaupfeile, Blauflügel-Prachtlibellen, Königslibellen, rote Heidelibellen und Plattbauch-Männchen sind zu sehen. Als **Wasserpflanzen** entdeckt man das Quirlblütige Tausendblatt und die Krebsschere, die wahrscheinlich ausgesetzt wurde und sich stark vermehrte. Am Wasserrand der Angelplätze wächst die Echte Sumpfbinse und stellenweise breiten sich Seerosen-Teppiche aus. Tragen sie purpurfarbene Blüten, stammen auch sie aus der Gartenkultur. Sehr hübsch sind auch die Schwimmpflanzen des Wasser-Knöterichs, wenn sie ihre kerzenartigen, rosafarbenen Blütenstände tragen.

Bei der **Metallsäule**, die an der Europäischen Wasserscheide errichtet wurde, wachsen in einem großen Tümpel, die Echte Brunnenkresse mit weißen Blütchen und der Blaue Wasserehrenpreis mit blauen Blütchen. Nach einer Waldpassage, auf welcher u.a. Wild-Birnen und Wald-Schachtelhalm zu sehen sind, endet der Weg vor einer langgestreckten **Naturwiese** mit ausgesprochen vielen Blumen. Neben der Sumpf-Kratzdistel kommt hier auch die Knollen-Kratzdistel vor.

Entdeckungsreise im Land der Burgen und Vulkane

Weitere Informationen im Internet: www.lgl-bw.de

- informativ
- aktuell
- zuverlässig
- genau

LGL
www.lgl-bw.de

Baden-Württemberg
LANDESAMT FÜR GEOINFORMATION UND LANDENTWICKLUNG

Register der Pflanzen *(nach Ziel-Nr.)*

Entdecken Sie die **Geschichte** *des Hegaus:*

«HEGAU Jahrbuch 2008
Natur- und Kulturlandschaft Hegau»

Naturschutz • Umweltschutz • Lebens- & Speise-Gewohnheiten • Nicht realisierte Planung • Vogelschutz

ISBN 978-3-933356-53-6 • nur 27,80 €

«HEGAU Jahrbuch 2007
Jüdische Kultur im Hegau und am See»

700 Jahre jüdische Kultur
ISBN 978-3-933356-46-8 • nur 19,80 €

«HEGAU Jahrbuch 2006
Hegau • Menschen • Schicksale»

Bedeutende, unbekannte, vergessene Persönlichkeiten
ISBN 978-3-933356-41-3 • nur 19,80 €

«HEGAU Jahrbuch 2005
Hegau Impressionen»

Die 220 schönsten alten Ansichten im Großformat
ISBN 978-3-933356-31-4 • nur 19,80 €

«HEGAU Jahrbuch 2003 • Säkularisation»
ISBN 978-3-933356-06-2 • nur 9,80 €

«HEGAU Jahrbuch 2002 • Unterwqegs»
ISBN 978-3-933356-19-2 • nur 9,80 €

Bestellen Sie direkt – zur Lieferung frei Haus:
Tel. 0 77 31/977 150 • Fax 0 77 31/977 151
eMail Info@MarkOrPlan.de oder im Buchhandel.

MARKORPLAN
Agentur & Verlag